WESTEND

Georg Meister

Rettet unsere Wälder!

Vermächtnis und Forderungen eines visionären Försters

WESTEND

Dieses Buch erscheint in der Reihe Pro Natur. Rudolph L. Schreiber, einer der Pioniere der ökologischen Bewegung, publizierte vor vielen Jahren bereits wichtige und bahnbrechende Bücher zum Thema in seinem Pro Natur Verlag. Diese Reihe soll sein Denken und Arbeiten fortführen und dazu anstiften, sich für den Erhalt unserer Erde einzusetzen.

Mehr über unsere Autoren und Bücher:
www.westendverlag.de
Die Deutsche Nationalbibliothek verzeichnet diese Publikation in der Deutschen Nationalbibliografie; detaillierte bibliografische Daten sind im Internet über http://dnb.d-nb.de abrufbar.

ISBN: 978-3-86489-292-9
1. Auflage 2023
Umschlaggestaltung: Buchgut, Berlin
Umschlagmotiv: © picture alliance/Westend61/Frank Blum
Redaktion: Dr. Monika Offenberger
Satz: PublikationsAtelier, Weiterstadt
Illustration Blatt: SilviaNatalia / Freepik
Druck und Bindung: aprinta Druck GmbH, Wemding
Printed in Germany

Inhalt

Widmung

Im Namen meines Vaters Dr. Georg Meister ist dieses Buch allen Menschen gewidmet, die sich selbstlos für den Naturschutz einsetzen. Dazu gehören insbesondere jene, die unsere Wälder nicht als reine Wirtschaftsfläche ansehen, sondern als einen wesentlichen Bestandteil unser aller Lebensgrundlage, und die deshalb zum Aufbau stabiler, artenreicher und naturnaher Mischwälder beitragen. Meinem Vater hätte es gut gefallen, dieses Buch auch seinen Enkeln zu widmen, damit sie sehen können, dass ein altruistisches Eintreten für die Idee der Nachhaltigkeit – selbst gegen brutale Widerstände – zum Erfolg führt. Was ihr in Händen haltet, ist das Vermächtnis eures Großvaters: ein Beweis, dass es sich lohnt, für die Erhaltung unserer Natur zu kämpfen.

Andreas Georg Meister im Sommer 2023

Vorwort von Andreas Georg Meister

Mein Vater Dr. Georg Meister ist am 2. März 2022 nach langer und schwerer Krankheit gestorben. Nach seinem Tod haben wir entschieden, dieses Buch dennoch zu veröffentlichen, weil es einen aus unserer Sicht wichtigen Beitrag zur derzeitigen Debatte um die Zukunft des Waldes im Zusammenhang mit dem menschengemachten Klimawandel liefert. Mein Vater hat bis zuletzt daran gearbeitet. Es war ihm wichtig.

Wir freuen uns deshalb sehr, dass wir Frau Dr. Monika Offenberger, der mein Vater nicht zuletzt aufgrund einer gemeinsamen Veröffentlichung in der Vergangenheit großes Vertrauen entgegenbrachte, dafür gewinnen konnten, seine Arbeit zu Ende zu führen. Aufgrund ihrer fundierten Fachkenntnisse und ihrer journalistischen Erfahrung hätte es keine bessere Wahl geben können.

Mein Vater kam im Laufe von jahrzehntelanger Arbeit als Förster zu der Einsicht, dass stabile, artenreiche und naturnahe Mischwälder nicht nur die wichtigen Schutz- und Erholungsfunktionen des Waldes erfüllen, sondern auch einen enormen Beitrag zur Eindämmung des menschengemachten Klimawandels leisten. Er hat dies durch sein Handeln in der forstwirtschaftlichen Praxis bewiesen und anhand seiner »Zeitsprung-Bilder« in Büchern, Vorträgen und Publikationen dokumentiert.

Professor Dr. Weiger beschreibt in seinem Vorwort zu diesem Buch, wie mein Vater im Laufe seines Lebens von einem »waidgerecht« erzogenen Förstersohn zu einem Vorkämpfer für die naturnahe Forstwirtschaft wurde. Nach dem Krieg nutzte mein Vater die Möglichkeit, ein forstwissenschaftliches Studium zu absolvieren. Bereits damals wurde er von einem seiner Hochschullehrer motiviert, forstwirtschaftliche Entwicklungen mit Fotos zu belegen. Er nahm diesen Hinweis auf und machte die genaue Beobachtung und fotografische Dokumentation natürlicher Prozesse zum Herzstück seiner Arbeit. Daraus wurden im Laufe eines Försterlebens die »Zeitsprung-Bilder«, mit denen er die Entwicklungen ausgewählter Waldbestände über einen langen Zeitraum hin dokumentieren konnte. Nach dem abgeschlossenen Studium begann seine Tätigkeit bei der Bayerischen Staatsforstverwaltung. Dort arbeitete er als »Forsteinrichter«, was bedeutet, dass sein Aufgabenbereich die Erfassung des Waldzustandes und die Planung der künftigen Waldbehandlung umfasste. Bereits zu diesem frühen Zeitpunkt bemerkte er den vielerorts desaströsen Zustand der Wälder. Zahlreiche Förster auf allen Hierarchieebenen vernachlässigten die Förderung gesunder, naturnaher Mischwälder zugunsten ihrer Jagdprivilegien.

Aus der von meinem Vater verfassten Familienchronik geht hervor, dass er bereits Mitte der 1950er Jahre die katastrophalen Auswirkungen der Trophäenjagd erkannte. Von da an entwickelte er sich zu einem konsequenten Fürsprecher des Waldes, der die offensichtlichen Schieflagen klar benannte und den Schwerpunkt seiner Arbeit auf den Erhalt und Wiederaufbau von artenreichen, stabilen Mischwäldern legte. Damit machte er sich beruflich allerhand Feinde – zuvorderst die traditionellen Trophäenjäger, aber auch Vertreter der Forstverwaltung und der Politik.

Mein Vater hat durch seine Arbeit, seine Publikationen, seine Vorträge und sein Engagement in Naturschutzverbänden dazu beigetragen, die künftigen Wälder unserer Kinder und Enkelkinder naturnah zu gestalten. In diesem Sinne bildet die Präsentation ausgewählter Beispielbetriebe das Kernstück des vorliegenden Buches. Sie zeigen eindrucksvoll, wie unsere Wälder zukunftsgerecht aufgebaut werden können, um einerseits ihre Schutzfunktionen (wieder) zu erfüllen und andererseits als wirtschaftlich rentabel arbeitende Betriebe die wertvolle Ressource Holz bereitzustellen.

Dies berührt auch den Kernkonflikt in der Wald- und Forstwirtschaft: Auf der einen Seite stehen die traditionellen trophäenorientierten Jäger, die einen möglichst hohen Bestand an Schalenwild, insbesondere an Rehen, Hirschen, Gämsen und Wildschweinen, befürworten. Dadurch erhöht sich nämlich die Wahrscheinlichkeit, Hirsche und Rehböcke mit prächtigen Geweihen zu erbeuten, welche als Trophäen begehrt sind. Viele Jäger sehen in einer möglichst großen Sammlung prächtiger und interessanter Geweihe einen Beweis ihres Geschicks und genießen das gesellschaftliche Prestige, das ihnen auf sogenannten Trophäenschauen, offiziell als Hegeschauen bezeichnet, entgegengebracht wird. Der dafür notwendige hohe Wildbestand verhindert aber durch überstarken Verbiss insbesondere der empfindlicheren Tannen und Laubbaumarten den Aufbau naturnaher und artenreicher Wälder. Mein Vater fand hierfür den treffenden Begriff »Waldsterben von unten«.

Auf der anderen Seite stehen die waldorientierten Jäger, die ihre jagdliche Arbeit am Ziel eines möglichst naturnahen Waldes ausrichten. Sie setzen sich für einen angepassten Wildbestand ein, der das Aufwachsen einer vielfältigen Baumverjüngung zulässt und so einen auch im Klimawandel beständigen Mischwald schafft. Statt Trophäen sind arten- und strukturreiche Wälder, die ohne Schutzmaßnahmen wie Zäune oder den Schutz einzelner Bäumchen aufwachsen können, der sichtbare Beweis für den Erfolg eines Jägers dieser Denkart.

Der seit Jahrhunderten bestehende Konflikt zwischen den beiden Lagern ist bis heute nicht gelöst. Noch immer werden Waldbesitzer und Förster massiv angegangen, wenn sie den dramatisch hohen und für den Zustand unserer Wälder desaströsen Wildbestand als Problem benennen und Lösungen einfordern.

In diesem Buch wollte mein Vater die Entwicklung von den Urwäldern zu den heutigen Monokulturen aufzeigen und dass Forstprofessoren und -praktiker seit dem Ende des 19. Jahrhunderts immer wieder die fatalen forstlichen und jagdlichen Fehlentwicklungen aufgezeigt und Veränderungen angemahnt haben. Das Wissen war also wie so oft bereits in der Welt, nur wollte keiner hören. Deshalb hat mein Vater auch Forderungen an die politisch Verantwortlichen aufgestellt, die weiter hinten im Buch ausformuliert sind. Sie zeichnen den Weg vor, wie wir flächendeckend unsere Wälder so umbauen können, dass sie ihre Schutzfunktionen deutlich besser erfüllen *und* wirtschaftlich erfolgreich sind.

Als Forstamtsleiter von Bad Reichenhall hatte mein Vater – und hatten wir als Familie – einen hohen Preis für sein konsequentes Eintreten zu bezahlen: Autos wurden vorsätzlich beschädigt. Wir wurden beleidigt, ausgegrenzt, herabgewürdigt und bis hin zu Morddrohungen angefeindet. Mein Vater wurde in seinem Beruf behindert und schließlich unwürdig in den Ruhestand geschickt. Das ist Teil unserer Familiengeschichte. Alois Glück, der vormalige Fraktionsvorsitzende der CSU im bayerischen Landtag, hat dies als »Hexenjagd« gegen meinen Vater bezeichnet.

Doch seine Beharrlichkeit sollte belohnt werden, denn gegen Ende seines Lebens wurden meinem Vater viel Wertschätzung und etliche Auszeichnungen zuteil. So ehrte man ihn unter anderem mit dem Alpenpreis der Alpenschutzkommission CIPRA Deutschland sowie der Bayerischen Umweltmedaille. Im Schutzwald Weißwand des Forstbetriebs Berchtesgaden gibt es seit dem Sommer 2022 einen »Dr.-Georg-Meister-Weg«. Damit wurde er immerhin posthum von seiner Forstverwaltung als »Visionär« und »Gestalter« rehabilitiert und angemessen gewürdigt.

Die forstwirtschaftliche Arbeit meines Vaters verdeutlicht, dass der Umbau hin zu einem widerstandsfähigen, naturnahen Mischwald möglich ist. Davon zeugen seine »Zeitsprung-Bilder«, seine Buchveröffentlichungen und Vorträge, aber ganz besonders »sein« Wald. So hat zum Beispiel sein Wirken im Sanierungsgebiet Weißwand an der Queralpenstraße zwischen Schneizlreuth und Berchtesgaden dazu geführt, dass lückiger Bergwald, der seine Schutzfunktion für die wichtige Verkehrsader schon lange verloren hatte, in einen artenreichen, gesunden Bergmischwald umgebaut werden konnte. Sogar über Jahrzehnte bestehende Lawinengassen wachsen dort inzwischen wieder zu. Kernelement war auch in diesem Fall die intensive, waldorientierte Jagd.

Der Aufbau robuster, naturnaher, artenreicher Mischwälder muss noch in dieser Generation gelingen. Nicht nur der aktuelle Waldzustandsbericht der Bundesregierung warnt, dass unsere Wälder unter der trockenen und zu warmen Witterung extrem leiden. Bund und Länder stellen zu ihrem Schutz Millionenbeträge zur Verfügung, doch der erfolgreiche Waldumbau meines Vaters und die Beispielbetriebe weiter hinten im Buch zeigen, dass dies nicht notwendig wäre, würden wir unsere Jagdstrategie flächendeckend und nachhaltig ändern.

Wir glauben, dass dieses Buch einen wertvollen Beitrag zur derzeitigen Diskussion um die zukünftige Forstpolitik leisten kann. Eine echte und nachhaltige Waldwende ist dringlicher denn je und muss vor allem jetzt beginnen. Dazu appellieren wir an die Verantwortung gegenüber künftigen Generationen. In den Worten des bayerischen Waldbauprofessors Josef Köstler im Jahr 1950, den sich mein Vater zum Vorbild für sein eigenes Wirken als Förster nahm: »Zur Naturschau [...] muß noch ein zweites kommen: das Verantwortungsbewußtsein gegenüber den kommenden Generationen; denn ohne diese charakterliche Seite läßt sich das Nachhaltsprinzip als das Kernprinzip auch des Waldbaus nicht ernstlich verfolgen.«[1]

Andreas Georg Meister ist der Sohn des Autors und von Kindesbeinen an mit ihm auf die Jagd gegangen. Während seines Studiums war er als Waldarbeiter tätig. Insgesamt hat er für die Bayerischen Staatsforsten und den Deutschen Alpenverein etwa 14 000 Bäume in Steillagen der Hochgebirgswald-Sanierungsgebiete gepflanzt. Er lebt mit seiner Familie bei Landsberg am Lech und bewirtschaftet als Jäger einen kleinen Pirschbezirk bei den Bayerischen Staatsforsten.

Am 1. Juli 2022 enthüllte die bayerische Landwirtschaftsministerin Michaela Kaniber gemeinsam mit Andreas Georg Meister (im Bild) eine Gedenktafel, die an seinen Vater erinnert. Zu diesem Anlass bezeichnete Kaniber Dr. Georg Meister als »Visionär, einen Wegbereiter der Sanierung bayerischer Bergwälder. Wir stehen heute in seinem Pilotprojekt und können die Früchte seiner Arbeit sehen. Seine Leistung ist richtungsweisend und Basis für die Arbeit nachfolgender Förstergenerationen. Nicht umsonst wird die Sanierung an der Weißwand Meisterstück genannt«.[2] (Bild: Wiebke Meister)

Vorwort von Professor Dr. Hubert Weiger

Unsere Wälder sind unverzichtbar. Dabei handelt es sich nicht nur um eine Plattitüde, die von Bürgern, Politikern und Fachleuten gern zur Verdeutlichung ihrer Naturnähe gebraucht wird. Der Satz bezieht sich ganz konkret auf den massiven Beitrag der Wälder zum Gemeinwohl in Form des Schutzes vor Hochwässern und Erosion, der Sicherung des Trinkwassers, der CO_2-Speicherung, der Erhaltung der Artenvielfalt und schließlich der Erholung. Zudem erfüllen sie eine wichtige wirtschaftliche Funktion, indem sie den Ausgangspunkt für die Herstellung von Baustoffen, Möbeln und Papier, um nur die wichtigsten zu nennen, bilden. Doch sind unsere Wälder für uns heute schon unverzichtbar, dann gilt das für künftige Generationen, deren Lebensgrundlagen angesichts der Klimakrise in der Schwebe hängen, in noch höherem Maße.

Warum gehen also die Ansichten, wie man unsere Wälder retten kann, derart weit auseinander? Um das zu verstehen, muss man weit in die Geschichte zurückblicken. Dann stellt man nämlich fest, dass zwar in deutschen Wäldern seit fast 300 Jahren das Prinzip der Nachhaltigkeit gilt, dieses aber häufig nicht eingehalten, ja geradezu missbraucht wurde, um kurzfristige Eigeninteressen durchzusetzen. Ein solches »Schönreden« würde man neuzeitlich als »Greenwashing« bezeichnen. Die Mächtigen im Staat konnten ihre hochangesehenen Sondernutzungen des Waldes – und dazu zählt die Jagd – mithilfe williger Förster durchsetzen. Und ebendiese Fachleute, die es eigentlich besser wissen sollten, drehten sich um und verkauften die schwerwiegenden Folgen eines derart rücksichtslosen Umgangs mit unseren Wäldern der Öffentlichkeit als »nachhaltig«. Das System hat sich bis heute bewährt und wird immer noch von vielen Wirtschaftsunternehmen bewusst am Leben erhalten.

Wenn wir jetzt angesichts des Klimawandels die Lebensqualität künftiger Generationen sowie die Erhaltung der Artenvielfalt in das Zentrum unserer Bemühungen stellen wollen, müssen wir endlich konsequent handeln. Die wichtigste Voraussetzung dafür ist eine nüchterne Diagnose des derzeitigen Waldzustandes. Erst danach können wir sinnvoll aufzeigen, worin die forstwirtschaftlichen Herausforderungen der nächsten 30 Jahre bestehen und wie es ihnen zu begegnen gilt. Dazu müssen aber die meisten Fachleute umdenken. Nach meiner Ansicht ist Dr. Georg Meister das beste Beispiel für diesen Prozess. Er hat seine dabei gesammelten Erkenntnisse nicht nur theoretisch ausgeführt, sondern sie trotz größter Schwierigkeiten auch in die Praxis umgesetzt. Daher kann kaum jemand besser und glaubwürdiger erklären, was wir jetzt tun müssen, um unsere Wälder zu retten.

In einem unserer Gespräche fragte ich Georg Meister einmal, was die wichtigsten »Knackpunkte« für dieses Umdenken waren. Er dachte nach und antwortete: »Das war ein langer Prozess. Aber natürlich hat es im Laufe der Jahre immer wieder markante ›Knackpunkte‹ gegeben.« Auf meine Bitte, diese kurz zu schildern, holte er aus: »Ich bin von meinem Vater vom fünften Lebensjahr an ganz hart zu einem hervorragenden Schützen und ›waidgerecht‹ denkenden Jäger erzogen worden. Schon als Jugendlicher hatte ich etliche Wildarten erlegt. Im Januar 1945 war ich mit 15 Jahren Schützenkönig auf einer großen Treibjagd mit vielen hochrangigen Schützen, die weitaus bessere Gewehre besaßen als ich. Als ich im Juli 1945 meine Försterlaufbahn als Forstlehrling begann, war es mein größter Wunsch, in meinem Revier später auch einmal Hirsche mit so großen Geweihen erlegen zu dürfen, wie sie mein Vater erlegt hatte.« Darauf hakte ich nach: «Aber Sie haben dann doch studiert?«, woraufhin er meinte: »Ja, mein erster guter Lehrherr wurde wegen etwas zu früher NSDAP-Zugehörigkeit entlassen und bei meinem zweiten Lehrherrn konnte ich nichts lernen. Deshalb bin ich in die Schule zurück. Nach dem Abitur habe ich ab 1949 begonnen, Forstwissenschaft zu studieren.«

Ich fragte: »War es da immer noch Ihr wichtigstes Ziel, Hirsche mit mächtigen Geweihen zu erlegen?« »Selbstverständlich«, erwiderte er, »denn da hatte ich gelernt, dass die Erlegung von Tieren mit großen Trophäen streng der Rangordnung nach erfolgt. Und einem Forstamtsleiter winken viel größere Chancen als einem Revierförster.« Ich war überrascht. »Hatten Sie da schon mal etwas davon gehört, dass die vorrangige Trophäenjagd negative Folgen auf den Wald hat?« Mit einem Lächeln antwortete er: »Nein – und ich hätte damals jeden für verrückt erklärt, der so einen Unsinn behauptet.«

Deshalb wollte ich wissen: »Und wie sind Sie dann von einem Anhänger der wenig waldfreundlichen Trophäenjagd zu einem überzeugten Vertreter einer betont naturnahen Waldnutzung geworden?« Er gab zurück: »Da war im Jahr 1950 mein erster wildabweisender Zaun im Bayerischen Wald, bei dem ich die Artenvielfalt darin und die Artenarmut außerhalb gesehen und fotografiert habe. Zwei Tage später bat mich der Bodenkunde-Professor Gustav Krauss, Waldentwicklungen fotografisch sichtbar zu machen. Ich fragte ihn: ›Wie soll das gehen?‹ Aber er erwiderte ganz ernst: ›Sie können offenbar gezielt fotografieren und Sie können kritische Fragen stellen. Ich glaube, Sie schaffen das.‹ Und er hatte recht. Diese ›Zeitsprung-Bilder‹ haben mir in den nächsten 71 Jahren mehr über Waldentwicklungen gezeigt als viele Vorträge oder Aufsätze.«

Dieser denkwürdigen Begegnung folgte ein weiteres wichtiges Erlebnis, erzählt mir Georg Meister: »Im Jahr 1952 war ich ganz allein – nur mit vielen großen Gelbhalsmäusen – in einer Hütte und habe 14 Tage lang einen danebenliegenden Urwaldrest für meine Diplomarbeit untersucht. Am Anfang war ich von diesem scheinbar totalen Chaos völlig verwirrt. Aber von Tag zu Tag habe ich den großartigen Kreislauf von ›Werden, Wachsen und Vergehen‹ immer besser verstanden. Der Schlusssatz meiner Diplomarbeit lautete deshalb: ›Auch die Forstwissenschaft kann vom Urwald noch sehr viel lernen.‹«

Naturbeobachtung war aber nicht der einzige »Knackpunkt«. Als noch bedeutender sollten sich Georg Meisters Erfahrungen mit den Forstbehörden erweisen: »Im Jahr 1956 habe ich beobachtet, wie ein prominenter Jagdpächter in der Nacht einen Hirsch im Scheinwerferlicht erlegte, und das als grobe Verletzung des Gesetzes gemeldet. Der zuständige Forstamtsleiter ist gekommen und hat verkündet: ›Herr Meister, Sie sind sofort entlassen. Sie haben einen hochverdienten Jäger falsch beschuldigt.‹ Eine Widerrede wollte er nicht hören. Damit wäre meine Försterlaufbahn beendet gewesen. Zufällig hat ein Student diesen Nachtabschuss aber auch beobachtet. Deshalb durfte ich weiter forstlich lernen. Im Jahr 1963 wurde ich im Forstamt Reit im Winkl beauftragt, mich so weit wie möglich am dringend notwendigen Rotwild-Abschuss zu beteiligen. Dabei ist es mir gelungen, unter sehr schwierigen Umständen in zwei Minuten fünf Stück Kahlwild zu erlegen. Das wurde von vielen Förstern als ›unwaidmännisch‹ angesehen, machte mich aber in der ganzen Staatsforstverwaltung bekannt. 1964 war ich zur Forsteinrichtung im Forstamt Reichenhall-Süd. Dabei werden Fläche und Bonität des Standortes sowie Alter, Holzmenge und Bonität der Wälder möglichst genau aufgenommen und danach eine Planung notwendiger Maßnahmen für die nächsten zehn Jahre erstellt. Dort ist mir der Kontrast von naturnahen alten Mischwäldern und jüngeren Fichten-Monokulturen deutlich aufgefallen.«

Da musste ich mich einschalten: »Ja, das habe ich auch in vielen Gebirgswäldern gesehen. Ich möchte seit Jahren den Grund dafür kennen. Die Behauptung in einer Broschüre der Ministerialforstverwaltung, dass die großen Salinenhiebe dafür verantwortlich sind, ist für mich absolut nicht nachvollziehbar.« Darauf Georg Meister: »Mir ist es genauso ergangen. Deshalb habe ich alle alten Akten studiert und da bin ich auch fündig geworden. Die ›Waldmeister‹ der Saline waren für die Organisation der Holzlieferungen zuständig. Sie besaßen keine präzisen Instrumente, sondern nur ihre Fähigkeit, die Natur möglichst genau zu beobachten. So haben sie erkannt, dass sich ein größeres Loch im Kronendach des Waldes, das etwa durch einen Sturm entsteht, ganz von selbst wieder schließt. Die Natur entwickelt dazu eine 20 bis 30 Jahre andauernde, sehr artenreiche Zwischengeneration. Erst in den letzten Jahren haben wir gelernt, dass man das als ›Resilienz-Zwischengeneration‹ bezeichnen kann. Danach wächst wieder ein naturnah gemischter und gestufter Bergwald auf.«

Ich war begeistert. »Darüber müssen wir bei den künftig geplanten Maßnahmen noch einmal reden. Aber was war der nächste ›Knackpunkt‹?« Er antwortete: »Dann wurde ich von 1965 bis 1967 in das Vorzimmer des Leiters der bayerischen Staatsforstverwaltung versetzt. Dort musste ich die gesamte eingehende Post daraufhin ansehen, ob irgendwelche Besonderheiten zu erkennen sind, und meinen Chef deshalb immer wieder einmal auf ein ›Greenwashing‹ des tatsächlichen Waldzustandes aufmerksam machen. Nach besonders kritischen Beschwerden von Bürgermeistern über extreme Schäden durch Wild aus benachbarten Staatsjagden hat mich der Leiter mit dem Auftrag, mir das selbst anzusehen, hinausgeschickt. Nach meinem Bericht mit Fotos ist auch er hinausgefahren und war arg enttäuscht, wie sehr die Chefs seiner nachgeordneten Behörden den tatsächlichen Waldzustand beschönigt hatten. Im Jahr 1973 musste ich dann als Leiter des Forstamtes Reichenhall-Süd erstmals an einer Trophäenschau in Berchtesgaden teilnehmen. Mein Entsetzen, wie sehr die Leiter der drei Forstämter im Berchtesgadener Raum darum stritten, wer denn die stärkste Hirsch- oder Gams-Trophäe ausstellen durfte, ist mir noch in guter Erinnerung. Ich war damals bereits mit vielen der unbefriedigenden Jungwälder in diesen Forstämtern vertraut. Dadurch habe ich den Zusammenhang der vorrangigen Hege starken Trophäenwildes vor dem Aufbau gemeinwohlorientierter Jungwälder erkannt und beschlossen, dass ich kein Wild mit Trophäen der Klasse I ohne Anlass mehr erlegen werde, obwohl das 24 Jahre vorher noch das Hauptziel meines Forststudiums gewesen war. In meinem Dienstzimmer hingen deshalb keine Jagdtrophäen, sondern Fotos von artenreichen Dauerwäldern.«

Nach einer Pause fuhr mein Gesprächspartner fort: »Da ich allerdings selbst als hervorragender Jäger bekannt war, wurde das von fast allen meiner Vorgesetzten und Kollegen als Provokation angesehen. Ab dem Sommer 1973 sollte ich im Auftrag des Landwirtschaftsministers Dr. Hans Eisenmann den Nationalpark Berchtesgaden planen. Von Anfang an ließen mich alle Förster deutlich spüren, dass sie sich mit allen Mitteln gegen einen Abbau der Vorrangfunktion ›Trophäenjagd‹ zur Wehr setzen werden. Auch der neue Leiter der bayerischen Staatsforstverwaltung ist demonstrativ zur Hirschbrunft 1973 in den geplanten Nationalpark gekommen, um diese Haltung zu unterstützen. Dann wurde das Umweltministerium gegründet. Die dort für Schutzgebiete zuständigen Beamten glaubten, dass ich der bestgeeignete Fachmann für die Planung und den Aufbau eines Gebirgs-Nationalparks bin. Deshalb wurde ich in dieses Ministerium abgeordnet. Der neue Umweltminister Max Streibl war allerdings begeisterter Jungjäger und ließ sich durch eine bösartige Intrige der örtlichen Förster dazu hinreißen, mich falsch zu beschuldigen und von der Leitung der Planungsarbeiten zu entbinden.«

Auf meine Frage, wie es nach dieser Enttäuschung für ihn weiterging, antwortete Georg Meister: »Ab dem Jahr 1978 hat mich Landwirtschaftsminister Dr. Eisenmann zum Leiter des neu gründeten Großforstamtes Bad Reichenhall ernannt.

Dort wollte ich die ›Resilienzvegetation‹ wie in der Salinenzeit nachahmen und wieder zielgerechte, artenreiche Dauerwälder aufwachsen lassen. Mein gesamtes forstliches und jagdliches Umfeld war aber nicht bereit, die viel zu hohen Bestände an Rot-, Gams- und Rehwild auf ein waldverträgliches Maß zu reduzieren. Deshalb konnte ich zunächst keine tatsächlich wirksame Sanierung der vielen besonders wichtigen Schutzwälder in die Wege leiten. Ich war verzweifelt und habe erwogen, mich ins Flachland versetzen zu lassen, wo es keine Hirsche oder Gämsen gibt. Aber dann durfte ich dem Landrat Tannen inner- und außerhalb eines Zaunes zeigen. Sein spontaner Kommentar: ›Da muss man ja Mitleid haben‹, hat mich getröstet. Dieser Herr schrieb dann an den Minister. Kurz darauf kam auch der Umweltausschuss des Landtags und man erlaubte mir, die dringende Notwendigkeit einer effektiven Schutzwaldsanierung vorzuführen. Es folgten die ›Bergwaldbeschlüsse‹ des Landtags und wenig später durften wir zusammen mit dem Wasserwirtschaftsamt mit der Planung für die Sanierung der Weißwand oberhalb der Deutschen Alpenstraße beginnen. Dieses Projekt ist der deutlichste Beweis, wie die Sanierung wichtiger Objektschutzwälder selbst unter schwierigsten Bedingungen erfolgreich sein kann. Es muss nur der tatsächliche Wille dazu vorhanden sein. An einigen Stellen ist dort auch zu beobachten, wie eine ›Resilienz-Zwischengeneration‹ mit geringen Kosten funktionieren kann.«

Daraufhin fragte ich Georg Meister: »Ich durfte Ihnen gegen Ende Ihrer Berufslaufbahn die Karl-Gayer-Medaille für Ihre großartigen Verdienste um die Schutzwälder überreichen. Wurden Sie bei Ihrer Pensionierung auch von anderen Stellen geehrt?« Er zurück: »Ja, Landrat und Oberbürgermeister haben meine Leistungen für den Aufbau gemeinwohlorientierter Schutzwälder gewürdigt, Vertreter von Wasserwirtschafts- und Straßenbauamt haben die faire Zusammenarbeit betont, Vertreter des Nichtstaatswaldes haben meine Aufgeschlossenheit für ihre Probleme und die Suche nach praxisorientierten Lösungen gelobt und meine Mitarbeiter haben mich als den ›Letzten Waldmeister von Reichenhall‹ verabschiedet. Von meiner eigenen Verwaltungsspitze aber gab es keinen Dank für meine Taten.«

Gegen Ende des Gesprächs wollte ich noch wissen: »Wie würden Sie nach Ihren Erfahrungen vorgehen, um im Klimawandel mit dem Wald die Lebensgrundlagen unserer Enkel und Urenkel in tragbaren Grenzen zu erhalten?« Die Antwort leuchtete ein: »Dazu brauchen wir die Unterstützung einer breiten Öffentlichkeit. Und dazu müssen wir zunächst alle interessierten Bürger allgemeinverständlich über den Naturwald, die historische Entwicklung unserer Wälder unter dem Einfluss der normalen Landnutzer, aber auch der Mächtigen im Land aufklären. Die Grundvoraussetzung für effektive Vorsorgemaßnahmen ist eine nüchterne Diagnose des Waldzustandes, zu der außerdem eine klare Antwort auf die Frage gehört, ob die derzeitigen Schalenwildbestände waldverträglich sind oder nicht. Wenn man dazu aus Rücksicht auf die Folgen bisheriger Privilegien nicht bereit ist, kann man noch so viele Steuergelder in den kranken Wald pumpen. Damit wird man widerstandsfähige, für den Klimawandel gerüstete Wälder höchstens auf kleinen Teilflächen erzielen.« Weiter fragte ich: »Und wie erreichen wir einen anständigen Waldumbau auf der Großfläche?« Er gab zurück: »Das ist im Grunde ganz einfach. Wenn jeder Waldbesitzer, der einen arten- und strukturreichen Mischwald aufgebaut hat, die gleiche Förderung vom Staat bekommt wie ein Landwirt für seinen ökologischen Landbau, dann wird der Anteil von vorbildlichen Wäldern, für die es bereits mehrere positive Beispiele überall in Deutschland gibt, rasch ansteigen.«

Auf meine letzte Frage: »Was werden Sie fordern?«, antwortete Georg Meister: »Ich werde auf Basis meiner Erfahrungen etwa zehn Hauptforderungen erheben und ihre Umsetzung grob beschreiben.« Diese Forderungen bilden neben den Beispielbetrieben das Kernstück des vorliegenden Buches und sind der Grund, warum es so wichtig ist. Denn sie machen Mut und zeigen: Die Rettung unserer Wälder ist nicht nur zwingend notwendig, sondern vor allem möglich.

Professor Dr. Hubert Weiger ist Ehrenvorsitzender des BUND Naturschutz (BN) und Träger des Bundesverdienstkreuzes 1. Klasse. Zu seinen zahlreichen Ämtern gehören eine Honorarprofessur an der Universität Kassel und eine Mitgliedschaft im Rat für Nachhaltige Entwicklung der Bundesregierung. Außerdem ist er Mitglied im Rundfunkrat des Bayerischen Rundfunks und BN-Vertreter im Obersten Jagdbeirat des Bayerischen Staatsministeriums für Ernährung, Landwirtschaft und Forsten.

Natürliche Wälder in Deutschland

Der Klimawandel offenbart mit aller Wucht die Schwachstellen in unseren heutigen Wäldern. Zu ihrer Reparatur fordert und gewährt man staatliche Finanzhilfen in bisher unvorstellbarer Größenordnung. Diese werden die Ursachen der Schwachstellen jedoch weiter verschleiern, weil der größte Teil an die Waldbesitzer mit den naturfernsten Forsten geht. Nach allen Erfahrungen von hochgeachteten Forstprofessoren und -praktikern kann man die jetzigen Kalamitäten auf diese Weise nicht bewältigen: Schon vor 140 Jahren appellierte Karl Gayer an die deutsche Forstwirtschaft, »sie müsse ein gutes Stück rückwärts bremsen, bis dahin, wo wir wieder mit der Natur und ihren erprobten Produktionsgesetzen Fühlung bekommen«.[3] Und 70 Jahre später forderte Josef Köstler, »daß wir uns mit Ehrfurcht den in den Wäldern wirkenden Kräften zu nähern haben, statt in den Dünkel zu verfallen, die Natur beherrschen zu können«.[4] Um zu verstehen, warum unsere Wälder krank sind, müssen wir zunächst ergründen, was einen gesunden Wald ausmacht und wie er sich aus eigener Kraft gegen die vielfältigen Angriffe auf seine Gesundheit zur Wehr setzt. Dieses Verständnis bildet die Voraussetzung dafür, unsere Wälder zu retten und ihre Widerstandskräfte gegenüber dem Klimawandel zu stärken.

Schon nach der letzten Eiszeit haben sich unsere Wälder dem damaligen Wandel des Klimas über viele Generationen hinweg mit immer wieder neuen Lebensgemeinschaften angepasst. Eine solche natürliche Waldgeneration dauert 200 bis 300 Jahre und muss sich laufend erneuern – und zwar unter normalen Bedingungen ebenso wie nach Störungen durch Feuer, Stürme oder infolge massiven Schädlingsbefalls hervorgerufene Erkrankungen. Zur Rettung unserer Wälder ist es daher maßgeblich, die natürlichen Strategien zur Walderneuerung zu studieren und sie so gut wie möglich nachzuahmen. Denn im Zuge des Klimawandels werden noch weitaus mehr Waldstücke durch Kalamitäten wie Windwurf, Trockenheit, Hitzestress und Käferfraß absterben als in der Vergangenheit – weitere große Kahlflächen sind die Folge.

Bei Wäldern handelt es sich um höchst artenreiche Ökosysteme, deren Organismen durch vielfältige Beziehungen in Wechselwirkung treten. Von oben betrachtet formt ein natürlicher Wald ein fast lückenloses Dach aus Blättern. Jeder Baum konkurriert mit seinen Nachbarn, um möglichst viel Licht einzufangen. Gemeinsam bilden sie ein effektives Kraftwerk, das gewaltige Mengen Solarenergie sammelt und verwertet.

Der Standort Deutschland mit seinem gemäßigten Klima und überwiegend nährstoffreichen Böden ist hervorragend für Wälder geeignet. In den rund 10 000 Jahren seit der letzten Eiszeit sind diese zu einer in Summe enormen Biomasse angewachsen, welche die Böden unter sich anreichert. So haben sich für uns heute unvorstellbar mächtige, bis einen Meter (etwa 3,5 Fuß) hohe Humusschichten, auch Dammerde genannt, entwickelt. Das belegt ein »Primitives Operat« des Forstamts Tegernsee aus dem Jahr 1852, in dem es heißt: »In Beständen, wo die Streu, die Stöcke und Wurzeln, ja sogar das Abholz der Verwesung anheimfallen, hat sich eine mehrere Fußtiefe Dammerdenschicht angehäuft.«

Von Natur aus wäre Deutschland bis auf die Gewässer und einige wenige Sonderstandorte, etwa in den Hochmooren oder in den höheren Regionen der Alpen, mit Wäldern bedeckt. Nur auf den etwa vier Prozent besonders kalten oder nährstoffarmen Standorten kämen natürliche Fichten- oder Kiefernwälder vor; auf allen anderen Standorten würden Laub- oder Laubmischwälder wachsen.

In unseren Wäldern wachsen etwa 70 heimische Baum- und etwa 100 verschiedene Straucharten sowie eine Vielzahl an Kräutern, die jeweils unterschiedliche Eigenschaften entwickelt haben. Deshalb ist jeder besondere Standort von einer Spezies besetzt, die innerhalb dieser »Ökologischen Nische« die höchste Konkurrenzfähigkeit aufweist. Zum besseren Verständnis der natürlichen Waldzusammensetzung in Deutschland lohnt sich daher ein Blick auf unsere fünf häufigsten Baumarten.

Von Natur aus würden in Deutschland ganz überwiegend artenreiche Laub- oder Laubmischwälder aus unterschiedlich alten Bäumen wachsen. Die hellgrünen Laubbäume heben sich deutlich von den dunkleren Fichten, Tannen und vereinzelten Kiefern ab (Bild: Georg Meister).

Die **Buche** gilt hierzulande als die »Mutter des Waldes«. Nach dem Ende der nacheiszeitlichen Klimaperioden etwa um die Zeitenwende bedeckte sie den mit Abstand größten Teil der Waldfläche Deutschlands. Es handelt sich bei ihr um eine ausgesprochene Schattbaumart. Das bedeutet, dass junge Buchen lange im Schatten vegetieren können, um dann bei mehr Licht rasch nach oben zu wachsen. Sie entwickeln ein sogenanntes Herzwurzelsystem, bei dem die Wurzeln relativ weit nach den Seiten, aber zumindest im Mittelteil auch in die Tiefe reichen. Daher können Buchen die meisten Standorte vom Flachland bis in höhere Bergwaldlagen besiedeln. Sie tragen im Abstand mehrerer Jahre viele Früchte, die von Tieren mitunter weit verbreitet werden. Mit einem Gewicht von 200 Gramm je 1000 Samen erreichen sie eine maximale »Wanderstrecke« – gemeint ist die Geschwindigkeit ihrer Ausbreitung – von etwa 250 Metern im Jahr.

Im Gegensatz zur Buche zählt die **Eiche** zu den »Lichtbaumarten«, die besonders in der Jugend zum Aufwachsen viel Licht benötigen. Traubeneichen kommen auf eher trockenen Standorten vor, während Stieleichen vorwiegend feuchte

Standorte besiedeln. Bäume dieser Art haben für ihre »Wanderung« eine besondere Strategie entwickelt: Sie erzeugen große Früchte, die sehr nahrhaft sind und von manchen Tieren, besonders aber vom Eichelhäher, als Vorrat für den Winter und das folgende Frühjahr weit vertragen werden. So kann die Eiche trotz ihrer schweren Früchte mit einem Gewicht von 2750 Gramm je 1000 Samen jährlich maximal etwa 500 Meter wandern. Sie hat ein ausgeprägtes Pfahl- und Herzwurzelsystem entwickelt und ist für ihre große Standfestigkeit und Robustheit berühmt.

Die **Fichte** ist sehr gut an Kälte angepasst. Sie kommt in Deutschland von Natur aus nur in den Hochlagen der Gebirge sowie im Flachland auf besonders kalten Standorten wie etwa Moorrändern vor. Dort können junge Fichten einige Jahre auch bei wenig Licht überleben. Auf weniger geeigneten Standorten steigt ihr Lichtbedarf allerdings stark an. Die Fichte entwickelt ein flaches Wurzelsystem und ist daher wesentlich stärker durch Sturmwurf gefährdet als andere Baumarten. Als nur rund 7 Milligramm schwere »Leichtgewichte« können die Samen vom Wind weit verbreitet werden. So erreicht dieser Nadelbaum eine maximale »Wandergeschwindigkeit« von etwa 500 Metern im Jahr.

Zwar stellt die **Kiefer** die geringsten Ansprüche an ihre Umgebung, dafür ist sie den anderen Baumarten jedoch auf den allermeisten Standorten unterlegen. Durch ihre nur 6 Milligramm leichten Samen kann sie mit maximal 1500 Metern im Jahr etwa dreimal so schnell wandern wie Buchen, Eichen und Fichten. Die Kiefer verfügt über eine meist gut ausgebildete, tief in den Boden reichende Pfahlwurzel, die auf ungünstigen Standorten aber fast so flachgründig ausfällt wie die der Fichte. Sie ist ein ausgesprochener Lichtbaum, dessen Lichtbedürfnis mit der Armut des Standortes steigt.

In Süd- und Mitteldeutschland ist der Buche von Natur aus häufig noch die **Tanne** beigemischt. Bei ihr handelt es sich ebenfalls um eine Schattbaumart, die oft jahrzehntelang im Schatten höherer Bäume »schläft«. Sobald diese jedoch weichen, können Tannen schnell zu den mächtigsten Bäumen im Wald emporwachsen. Ihr Herzwurzelsystem dringt tief in den Boden ein und bedingt ihre hohe Standfestigkeit. Die Samen der Tanne sind mit 45 Milligramm vergleichsweise schwer, was eine »Wanderstrecke« von maximal 300 Metern im Jahr erlaubt.

Im dichten Wald konkurrieren die Pflanzen vor allem um Licht. Ein Tannensämlig hat seine Chance genutzt und ist auf dem verrottenden Baumstamm einer gefällten Fichte ausgekeimt. Dort bekommt er zum einen genügend Sonnenlicht, zum anderen schützt ihn die erhöhte Lage im Winter vor Bodenfrost (Bild: Georg Meister).

Buchen, Eichen, Fichten, Kiefern und Tannen haben sich mit ihrer Begleitflora über Jahrtausende den natürlichen Standortbedingungen in unterschiedlicher Zusammensetzung angepasst, wodurch vielfältige Wald-Lebensgemeinschaften entstanden sind. Stellten wir jegliche Einflussnahme ein und ließen der Natur freie Hand, so würden sich in Deutschland als »potenzielle natürliche Vegetation« auf 75 Prozent der Fläche Buchenwälder, auf 23 Prozent sonstige Laubwälder und nur auf 2 Prozent Nadelwälder ausbilden.

Unsere Bäume sind aber nicht nur an ihre unmittelbare Umgebung, sondern auch an die unterschiedlichen Jahreszeiten angepasst. Besonders gut kann man das an den Laubwäldern erkennen: Während der etwa von Mai bis Oktober andauernden Vegetationszeit ist es am Waldboden ziemlich dunkel. Deshalb wachsen Bodenpflanzen dort meist nur im Frühjahr, bevor die alten Bäume ihre Blätter bilden. Diese Laubentfaltung erfolgt nicht gleichmäßig: So beginnt sie beispielsweise bei der Birke früher als bei der Buche. Im Sommer müssen die Bäume mit ihren Blättern möglichst viel Sonnenenergie einfangen, um den Kohlenstoff der Luft mit Wasser zu Traubenzucker, dem Grundbaustein des Lebens, zu verbinden. Mit diesem Baumaterial können sie dann im nächsten Jahr einen neuen Gipfeltrieb und viele Seitentriebe und Blätter anlegen.

Im Herbst, gegen Ende der Vegetationszeit, gilt es Vorräte für den Winter und das nächste Frühjahr anzulegen. Die Laubbäume ziehen Mineralien, Vitamine, Nährstoffe und Chlorophyll aus den Blättern zurück, damit diese wertvollen Ressourcen später wieder zur Verfügung stehen. Die daraufhin herbstlich verfärbten Blätter werden abgeworfen. Unsere Wälder nennt man deshalb auch »sommergrüne Laubfallwälder«. Größere Pflanzenfresser wie Rehe und Hirsche finden dort nur im Frühjahr für eine kurze Dauer geeignete Nahrung. In der übrigen Zeit des Jahres tun sie sich damit schwerer, weshalb sie im Wald von Natur aus (!) nur selten vorkommen.

Während des Winterhalbjahres werden die Blätter der Baum-, Strauch- und Krautarten unterschiedlich rasch abgebaut. Bei kohlenstoffreichen Blättern, wie etwa denen von Buche und Eiche, geschieht dies langsamer; dagegen sind stickstoffreiche Blätter etwa von Linde, Ulme, Espe oder Hartriegel bis zum nächsten Frühjahr schon weitgehend zersetzt. Die abgeworfenen Blätter enthalten meist noch viele Nährstoffe. Am und besonders im Boden verarbeiten Regenwürmer und andere kleine und kleinste Bodenlebewesen diese weiter. So werden die abgestorbenen Lebensbauteile wieder in ihre einfachsten Elemente abgebaut: Wasser, Kohlendioxid und Mineralstoffe.

Dass diese »Zersetzer« ein absolut notwendiger Bestandteil unserer Wälder sind, wird besonders klar, wenn man ihren Anteil am Wald in Zahlen betrachtet. So zeigten von dem Förster Ludwig Pertl angeregte und betreute Bodenuntersuchungen bei Landsberg am Lech, dass die Regenwürmer unter einem Hektar Fichten 126 Kilogramm, unter Ahornen 574 Kilogramm und unter Hainbuchen 801 Kilogramm wogen. Dagegen fallen Rehe und Hirsche, die »Vorzeigetiere« des Waldes, meist nur mit etwa 6 Kilogramm je Hektar ins Gewicht. Kleinere Zersetzer wie Asseln, Milben, Fliegen- und Käferlaven, Springschwänze, Doppelfüßer sowie zahlreiche weitere Gliederfüßer bringen in Summe pro Flächeneinheit das Zehnfache auf die Waage wie die Regenwürmer[5] – und noch hundertmal schwerer ist die Masse von Bakterien, Algen und Pilzen, die schließlich auch den letzten Krümel Biomasse verwerten.

Die Zersetzer bilden ein perfektes natürliches Recyclingsystem. Sämtliche organische Masse wird wiederverwendet, nur dauert dieser Prozess unterschiedlich lange. So ist etwa ein toter Fuchs schon nach 14 Tagen, der Wurzelstock einer gefällten Buche erst nach 25 Jahren zurück in seine Hauptbestandteile zersetzt.

Wenn im Wald ältere Bäume umfallen oder absterben, erreicht mehr Licht den Boden. Dann müssen die Samen der an die neuen Verhältnisse angepassten Waldpflanzen möglichst schnell zu diesen lichten Stellen gelangen. Dazu haben die Kräuter, Sträucher und Bäume ganz unterschiedliche Strategien entwickelt. Manche Pflanzen produzieren überaus leichte Samen oder Früchte und lassen sie vom Wind verbreiten; Ahorne beispielsweise haben zu diesem Zweck propellerartige Anhängsel entwickelt. Andere bringen dagegen große und schwere Früchte hervor, die sie von Tieren transportieren lassen müssen. Beispiele hierfür sind Haselnüsse oder Eicheln. Letztere werden vom Eichelhäher als Vorrat für den Winter und das Frühjahr in entlegenen Verstecken gelagert. Da die Vögel aber nicht alle eingelagerten Eicheln wieder ausgraben, tragen sie entscheidend zur Verbreitung der Eichen bei. Diese Funktion hatte schon der Forstbotaniker Franz de Paula von

Schrank im Jahr 1798 erkannt und dazu gesagt: »Er sät die Eicheln, was die Förster thun sollten.«

Die artspezifische Samenverbreitung hat eine stark unterschiedliche Wandergeschwindigkeit unserer Kräuter, Sträucher und Bäume zur Folge. Das spielt eine große Rolle, wenn es um die Erschließung neuer Lebensräume geht. Wichtig ist dabei auch, in welchem Alter eine Art das erste Mal Samen bildet. Frei stehende Birken oder Haselsträucher können schon mit zehn Jahren blühen, Fichten oder Eichen erst mit 30 Jahren.

Unsere Waldgesellschaften werden ohne den Einfluss des Menschen meist 200 bis 600 Jahre alt. Betrachten wir nun anhand eines Beispiels die verschiedenen Entwicklungsstadien des Waldes über einen 300-jährigen Kreislauf hinweg. Dieser beginnt mit dem etwa 30 bis 50 Jahre dauernden »Jugendstadium«, das häufig mit den älteren Stadien des Zyklus überlappt. Da die jungen Bäumchen meist unter dem Schirm älterer Nachbarn stehen, dringt zunächst nur ein Teil des vollen Tageslichts bis zu ihnen vor. Neben und unter ihnen kann sich eine Vielfalt an Kraut- und Straucharten entwickeln. Doch in dem Maße, wie die Bäumchen heranreifen und im Verlauf der nächsten 50 Jahre in die Höhe streben, erreicht immer weniger Licht den Waldboden mit seinen Kräutern und Sträuchern. Eine größere Artenvielfalt kommt nur in den Baumkronen und unter der Erde zustande.

Die ehemals jungen Bäumchen haben mit rund 100 Jahren ihr Reifestadium erreicht, das je nach Baumart mindestens noch einmal so lange andauert. Nun schließt sich das »Verjüngungsstadium« an, in dem die ersten Bäume des oberen Kronendaches ausfallen, weil sie – etwa infolge von Altersschwäche, Blitzschlag oder Pilzbefall – lichter werden, absterben und umfallen. Die Nachbarbäume können die Lücken nicht mehr oder erst nach einigen Jahren wieder schließen. Licht »wandert« deshalb über den Waldboden und ermöglicht es dort vielen Sämlingen der Schattbaumarten sowie der schattenertragenden Kräuter zu überleben.

Im letzten, dem »Zerfallsstadium«, sterben mehr und mehr der mittlerweile bis zu 250 Jahre alten Bäume ab. Folglich erreicht auch immer mehr Licht den Waldboden, wo bereits die jungen Bäume der nächsten Generation ausgekeimt sind und zügig aufwachsen. Das ist der Grund, weshalb die Vegetation am Waldboden oft spärlich ausfällt und die aufkeimenden Bäumchen meist einer der vergleichs-

Ein Eichelhäher sammelt im Herbst bis zu 2000 Eicheln als Futtervorrat und vergräbt sie im Waldboden. Da er nur einen Teil davon im Winter wieder ausgräbt und frisst, können die übrigen Eicheln zu Bäumen heranwachsen. So sorgt der Vogel für den Erhalt seiner Nahrungsquelle und erweist sich zugleich als effizienter und kostenloser Helfer beim Umbau von Nadelreinbeständen in Laubmischwälder – was sich manche Förster durch die Bereitstellung von Eicheln zunutze machen (Bild: Georg Meister).

weise wenigen »Hauptarten« angehören. Allerdings haben einige »Nebenbaumarten« wie etwa Ahorne oder Vogelbeeren eine Chance, schneller aufzuwachsen und bis zum Ende der Jugendphase der neuen Waldgeneration Früchte zu bilden, mit denen sie schließlich andere Flächen besiedeln können. Manche von ihnen schaffen es sogar, so rasch aufzuwachsen, dass sie bis in die Oberschicht der neuen Waldgeneration vorstoßen und sich dort 100 Jahre oder länger behaupten. Nach einigen Jahrzenten verschwimmt die Grenze zwischen dem ausgehenden Verfallsstadium der alten und dem einsetzenden Jugendstadium der neuen Generation.

In natürlichen Wäldern sind die einzelnen Altersstadien meist eng miteinander verzahnt. Denn obwohl die Abfolge der verschiedenen Entwicklungsstadien immer dieselbe ist und sich periodisch wiederholt, finden die Zyklen oft auf engstem Raum, zeitlich versetzt und somit phasenverschoben statt. Dadurch entsteht eine Art Flickenteppich aus unterschiedlich weit entwickelten Waldstücken oder Baumgrüppchen, den Ökologen als »Mosaik-Zyklus« bezeichnen.[6] Bei ungestörten Zyklen erreicht fast nie das volle Tageslicht den Waldboden, weshalb in der Regel keine natürlichen Kahlflächen entstehen. Durch das Klima hierzulande kommt es jedoch in unterschiedlichen Zeiträumen immer wieder zu größeren Störungen oder Kalamitäten, wenn beispielsweise Tausende Bäume von einem Sturm umgeworfen werden, nach längeren Trockenperioden abbrennen oder Schadinsekten zum Opfer fallen. Dadurch bilden sich größere Flächen, auf denen das Tageslicht ganz oder zumindest zu großen Teilen bis zum Waldboden durchdringen kann.

Allein in den letzten 50 Jahren haben mehrere starke Stürme teils sehr ausgedehnte Kahlflächen geschaffen. Dabei sind die Zeiträume zwischen ihrem Auftreten immer kürzer geworden: Orkan »Quimburga« fegte im November 1972 übers Land, »Wiebke« folgte im März 1990, »Lothar« im Dezember 1999, »Jeanett« im Oktober 2002 und »Kyrill« im Januar 2007. Im Zuge des Klimawandels müssen wir künftig eher mit mehr als mit weniger Extremwetterlagen rechnen. Umso wichtiger ist es, dass wir verstehen, wie natürliche Wälder auf solche Ereignisse reagieren. Tatsächlich haben sie zum Umgang mit größeren Kahlflächen ein besonderes Verfahren entwickelt: die Resilienz. Der Begriff wurde ursprünglich von Psychologen entwickelt und umschreibt die Fähigkeit eines Individuums, mit verschiedensten Problemen und Veränderungen zurechtzukommen und sein Verhalten an diese anzupassen. Seit den 1970er Jahren wird er auch in der Ökologie gebraucht: Dort bezieht er sich auf die Fähigkeit von Ökosystemen, bei äußeren Störungen ihre grundlegende Verfassung und Organisationsweise beizubehalten oder wiederzuerlangen. Im Wald trägt eine riesige Zahl spezieller Kraut-, Strauch- und Baumarten maßgeblich dazu bei, die Resilienz zu gewährleisten; nachfolgend sollen sie als »Resilienzpflanzen« bezeichnet werden. Sie zeichnen sich dadurch aus, dass sie an einen bestimmten Kleinstandort angepasst und in dieser Nische konkurrenzkräftiger sind als andere Pflanzen. Zusammen schaffen sie als »Resilienzvegetation« ein »Resilienzstadium«, das in wenigen Jahren verschiedene Schichten ausbildet: Zur untersten Schicht gehören Kräuter wie Türkenbund, Vielblütige Weißwurz, Schmalblättriges, Kleinblütiges und Berg-Weidenröschen, Hasen- und

Mauerlattich, Rainkohl und Wurmfarn. Darüber stehen die Sträucher, besonders Trauben-Holunder, Schwarze und Alpen-Heckenkirsche, Wolliger Schneeball, Pfaffenhütchen, Vogelbeere sowie verschiedene Weidenarten. Die oberste Schicht bilden Bäume wie Weiden, Birken, Wildkirschen, Espen und Eschen.

In ihrem Schutz können die Samen von Schattbaumarten wie Buchen, Tannen oder Eiben überleben, auskeimen und langsam aufwachsen. Nach und nach rauben sie dabei den Kraut- und Straucharten der Resilienzvegetation das Licht. Innerhalb von ein paar Jahrzehnten erobern diese mächtigen Bäume schließlich die Oberschicht zurück – und der normale Zyklus der Waldentwicklung beginnt von vorne. Mithilfe der Resilienzvegetation versucht die Natur zuallererst das Grundkapital ihres Überlebens, den Waldboden und den Humus, zu sichern. Für diese Aufgabe steht eine besondere Pflanze bereit: das Waldweidenröschen, das wegen seiner typischen Blattform auch Schmalblättriges Weidenröschen oder auf Latein *Epilobium angustifolium* heißt. Die mehrjährige Pflanze aus der Familie der Nachtkerzengewächse ist für die Humusbildung – und damit für die Wiederbewaldung der infolge des Klimawandels häufiger anfallenden Kahlflächen – von außergewöhnlicher Bedeutung. Sie wächst bis zu zwei Meter hoch und blüht von Juni bis Anfang September. Ihre rosaroten bis purpurfarbenen Blüten werden bevorzugt von verschiedenen Blattschneiderbienen, Feldhummeln und anderen Wildbienen, aber auch von Schmetterlingen wie dem Spiegelfleck-Dickkopffalter und dem Braunen Eichen-Zipfelfalter bestäubt; die Blätter dienen über einem Dutzend Schmetterlingsarten als Raupenfutter.

Nach der Bestäubung der Blüten bilden sich winzige Samen, die einen langen Haarschopf besitzen. Damit werden sie zu »Schirmchenfliegern«, die Flugweiten von teilweise mehr als zehn Kilometern erreichen. Eine einzige Pflanze erzeugt Hunderttausende solcher Samen. So vermag das Waldweidenröschen enorm schnell auch größere Freiflächen massenhaft zu besiedeln. Zusätzlich verbreitet es sich vegetativ über seine gut entwickelten, verzweigten Wurzelsprosse. Einige Beobachtungen deuten darauf hin, dass die Wurzeln des Waldweidenröschens Jahrzehnte im Boden überleben können, um dann bei stärkerem Lichteinfall wieder aktiv zu werden und neue Pflanzen hervorzubringen. Somit befestigt und erhält es den Boden, auf dem es wächst. Doch damit nicht genug, denn das Waldweidenröschen reichert ihn zusätzlich mit Nährstoffen an: Auf großer Fläche speichert es pro Hektar Boden mindestens 130 Kilogramm Stickstoff, 116 Kilogramm Kalium und 18 Kilogramm Phosphor.[7]

Die immense Bedeutung des Waldweidenröschens für die Resilienz des Waldes ist aufmerksamen Förstern schon lange bekannt – ebenso wie die verheerende Wirkung hoher Wildbestände auf die natürliche Wiederbewaldung von Störflächen. Das zeigt ein Aufsatz von Karl Rebel, damals Waldbaureferent der Bayerischen Staatsforsten, über die Situation in der Münchner Schotterebene: »In dem Maß, als auf den riesigen Kahlflächen das ursprünglich immer dichter und verbreiteter gewordene Weidenröschen sowohl nach Länge und Üppigkeit seiner Stengel, Blätter und Blüten, als auch in Hinsicht auf Verbreitung und Dichtstand wieder zurückging – schon 1899 war eine deutliche Abnahme wahrnehmbar –, als an Stelle der ihm zu dankenden Bodenlockerung und Stickstoffansammlung, dann auch statt des Frostschutzes, den es ab Mitte Mai zu gewähren pflegte, eine rasch zunehmende Grasverfilzung den Boden immer mehr abschloß, immer stärker auszog, den Humus verzehrte und den Stickstoff verbrauchte, auch die Frostgefahr wesentlich steigerte [...], wie sich zu alledem das Rehwild unglaublich rasch vermehrte [...] – da war es aus mit dem freudigen Wuchs der später gepflanzten Birken, es entstanden in den jungen Zonen Lücken und große Blößen.«[8]

In Deutschland besiedelt diese erstaunliche Wildstaude fast alle Standorte; in den bayerischen Alpen steigt sie bis über 1900 Meter hoch hinauf. Das Waldweidenröschen spendet zwar auch Schatten, aber dennoch können unter ihm viele andere Pflanzenarten allmählich aufwachsen, es nach einigen Jahren überholen und später völlig verdrängen. Damit erweist es sich im Wald als essenzieller Bestandteil eines Resilienzstadiums.

Voraussetzung für die Entwicklung eines solchen ist ein Gleichgewicht zwischen der Pflanzendecke, den Pflanzenfressern und den großen Beutegreifern. In den von Menschen unbeeinflussten Landschaften lebten Reh, Rothirsch und Elch, die gemeinsam mit ihren natürlichen Gegenspielern Wolf, Luchs und Bär ein fein austariertes Räuber-Beute-System bildeten. Unsere Wildtiere haben sich über Jahrmillionen an die Umweltbedingungen ihrer Lebensräume angepasst und sich in einer wechselseitigen Evolution auf die Eigenschaften sowohl ihrer Nahrungs-

Das Waldweidenröschen zählt zu den ersten Besiedlern von Kahlflächen und bereitet durch Beschattung, Erosionsschutz und Humusbildung dem nachwachsenden Jungwald den Boden. Seine rosarot bis purpurfarbenen Blüten sind für zahlreiche Insekten eine wichtige Pollen- und Nektarquelle (Bild: Georg Meister).

pflanzen als auch ihrer Fressfeinde eingestellt. Ihre körperlichen Merkmale und Verhaltensweise sind das Resultat dieser Koevolution und sollen hier beispielhaft an unseren wichtigsten großen Wildtieren vorgestellt werden.

Das **Reh** ist eine frühe Form der Wiederkäuer und die kleinste Art der hirschartigen Säugetiere. Es hat sich gemeinsam und im Wechselspiel mit den großen Beutegreifern Luchs und Wolf entwickelt und dabei seinen Lebensraum in Bereichen gefunden, in denen es besonders gut in der Lage ist, schnell vor seinen Fressfeinden zu fliehen. Um rasch durch das Dickicht des Waldes oder den »Verhau« aus umgefallenen alten und aufwachsenden jungen Gehölzen einer Kalamitätsfläche schlüpfen zu können, musste das Reh einen besonders schmalen Körper herausbilden. Darin haben jedoch nur eine kleine Lunge und ein für Wiederkäufer vergleichsweise kleiner Magen Platz. Letzterer ist weniger effektiv als der relativ zur Körpermasse viel größere Magen der Rothirsche; daher benötigt das Reh leicht verdauliche Nahrung. Auf größeren, lichtdurchfluteten Kalamitätsflächen, wie sie etwa nach einem Orkan oder großflächigem Baumsterben nach einer Insektenplage entstehen, finden Rehe ihre bevorzugte Nahrung im Waldweidenröschen und den anderen zartblättrigen Pflanzen, die infolge des Lichteinfalls zuerst wieder aufkommen und dort entsprechend massenweise zu finden sind. Einige Jahre später überwächst die gesamte Artenvielfalt der Resilienzvegetation mit Sträuchern und jungen Bäumen die krautigen Pionierpflanzen. Auch die jungen Blätter dieser Strauch- und Baumarten bieten den Rehen noch hinreichend leicht verdauliche Nahrung.

Nach etwa 20 Jahren aber wird es in Bodennähe so dunkel, dass dort kaum noch für die Rehe geeignete Nahrung wächst. Sie findet sich dann lediglich im Randbereich der Kalamitätsflächen – und in den natürlichen, ungestörten Verjüngungsflächen, wo einige Pflanzenarten wie etwa der Hasenlattich auch im spärlichen Licht unter dem lockeren Schirm der alten Bäume sprießen. Beim Fressen – in der Jägersprache »Äsen« genannt – muss sich das Reh diese wenigen zarten, jungen Blätter, Triebspitzen und Blüten zusammen mit Pilzen, nährstoffreichen Samen und Früchten deshalb sorgfältig heraussuchen.

Weil das artgemäße Pflanzenangebot weitgehend nur im Sommerhalbjahr verfügbar ist, konzentriert das Reh sämtliche Leistungen, die viel Energie kosten, auf

Das Reh kann sich mit seinem schmalen Körper durch kleinste Lücken im Dickicht des Waldes zwängen. Wenn es dort reglos verharrt, ist es im Gewirr der Blätter und Zweige fast unsichtbar – ein wahrer »Meister im Verstecken« (Bilder: Georg Meister).

dieses Zeitfenster. Das gilt besonders für die Paarung im Juli und August: Dann müssen die ansonsten als Einzelgänger lebenden Tiere ihre natürliche Aggressivität gegenüber Artgenossen mit einem langen »Vorspiel« abbauen. Dabei verausgaben sie sich bis zur Erschöpfung aller Reserven. Nach der Paarung werden die Geißen nicht sofort trächtig. Stattdessen tritt eine »Keimruhe« ein, sodass sich die Entwicklung des Embryos um vier Monate verzögert. So ist dafür gesorgt, dass der Nachwuchs zwar im Sommer gezeugt wird, aber erst im nächsten Frühjahr zur Welt kommt, wenn reichlich frisches Grün für ihn bereitsteht.

Nach der Geburt von meist zwei Kitzen im Mai muss die Rehgeiß ausreichend Milch produzieren, weshalb sie große Mengen an Nahrung benötigt. Ab September versucht sie außerdem, ebenso wie die Böcke und Kitze, möglichst viel Fett als Reserve für den Winter anzulegen. Von Dezember bis Februar schränken die Rehe ihre Nahrungsaufnahme so ein, dass nur der niedrige Erhaltungsbedarf gedeckt wird. Dabei gelingt es ihnen, selbst aus weniger zarten Pflanzenteilen wie etwa Brombeerblättern noch genügend Energie zu gewinnen. Allerdings ist die Suche nach dieser Nahrung mit Gefahren verbunden, da Wölfe und Luchse auch im Winter auf die Jagd gehen – und oft schneller über den Schnee laufen können.

Im Laufe seiner Evolution musste sich das Reh nicht nur an das jahreszeitlich sehr unterschiedliche Nahrungsangebot anpassen, sondern zudem Verhaltensweisen entwickeln, um sich gegen seine natürlichen Fressfeinde zu schützen. Dazu ist es darauf angewiesen, seine Fluchtorte und Verstecke mit einem kurzen Sprint zu erreichen, bevor der lautlos herangeschlichene Luchs zuschlägt. Damit es auch von einem besonders hungrigen Tier nicht erwischt wird, bedient es sich eines Tricks: Oft läuft es auf seiner eigenen Spur etwas zurück, um dann mit einem gewaltigen Satz seitwärts ins Dickicht zu springen. Gut versteckt verharrt es dort regungslos, bis die Gefahr vorbei ist. Die Koevolution mit dem Luchs hat das Reh zum »Meister im Verstecken« gemacht.

Im europäischen Urwald waren geeignete Verstecke eher spärlich, da in den Laubwäldern nur wenige nebeneinanderstehende Bäume an Altersschwäche starben. Es entstanden zwar Dickichte, doch waren diese so klein, dass ein Luchs sie leicht absuchen und die Rehe darin finden konnte. Geeignete Verstecke kamen nur dann zustande, wenn eine größere Anzahl alter Bäume während der »Zerfallsphase« des Waldes von einem starken Sturm umgeworfen wurden oder infolge einer Insekten-Massenvermehrung abstarben.

Wie oben beschrieben, besteht ein vom Menschen unberührter Wald aus einem Mosaik unterschiedlich weit entwickelter Waldstücke oder Baumgrüppchen. Auch die von Rehen bevorzugten Verjüngungsflächen sind unregelmäßig auf kleine Bereiche verteilt, die zudem einem stetigen Wandel in das jeweils nächsthöhere Stadium unterliegen. Um ihren Flächenanteil abzuschätzen, setzt man die Gesamtfläche des Waldes mit seinem durchschnittlichen Alter in Beziehung: Bei einem Buchenwald von 1000 Hektar (oder zehn Quadratkilometern) und unter Annahme des Durchschnittsalters einer Wald-Generation von 250 Jahren entwickelt sich im Mittel eine Verjüngungsfläche von vier Hektar pro Jahr, die aus vielen kleinen Teilflächen besteht. Je nach Größe stellen diese den Rehen 20 bis 30 Jahre lang gute Nahrungs- und Versteckmöglichkeiten zur Verfügung; dazu kommen die Waldränder mit ihrem guten Äsungsangebot. Allerdings fallen im Naturwald nicht alle Teilflächen hinreichend groß aus, um auch gute Verstecke abzugeben. Es ist davon auszugehen, dass im Naturwald zu jedem Zeitpunkt im Mittel nur etwa 15 Prozent der Waldfläche dazu geeignet sind.

Um als Art langfristig überleben zu können, haben die Tiere deshalb ihre Fähigkeit perfektioniert, jedes neu entstandene »Rehversteck« rasch zu finden und zu besiedeln. Die Rehgeiß vertreibt ihre vorjährigen Kitze etwa Ende April ziemlich brutal aus ihrem Revier, um Platz für den frischen Nachwuchs zu schaffen. Die »Halbstarken« müssen fort, um sich neue Verstecke zu suchen. Einstmals bedeuteten diese Wanderungen für die Rehe eine große Gefahr, da sie dabei eine leichte Beute für Luchse oder Wölfe waren. Um die Verluste auszugleichen, entwickelten die Tiere eine hohe Fruchtbarkeit: Sie werden schon nach einem Jahr geschlechtsreif und die Geißen setzen jedes Jahr in der Regel zwei Kitze. Das bedeutet, dass bei einem Ausgangsbestand von zehn Rehen und einem ausgeglichenen Geschlechterverhältnis jährlich zehn Kitze auf die Welt kommen.

Trotz dieser hohen Vermehrungsrate waren Rehe lange Zeit in den Laubwäldern Mitteleuropas seltene Tiere. Denn zum einen fanden sie dort nur auf höchstens 15 Prozent der Fläche geeignete Lebensräume mit ausreichendem Nahrungs- und Versteckangebot, zum anderen fielen viele den großen Beutegreifern und strengen Wintern zum Opfer. Auch das Offenland war nicht als Lebensraum für die Rehe geeignet, da sie dort gegen den ausdauernd laufenden Wolf keine Chance hatten. Und dazwischen, in den umliegenden Wiesen, Äckern und Heiden, konnten sich ihre Fressfeinde in der Deckung des Waldes unbemerkt nähern und ihnen den Weg in das schützende Dickicht abschneiden. Deshalb suchten Rehe diese Bereiche früher, als sie sich vor ihren natürlichen Feinden in Acht nehmen mussten, nur selten und in Ausnahmefällen auf. Dazu schrieb schon der Jagdkundler Detlev Müller-Using: »[Das Rehwild] hat also wohl, wie heute noch in den urwaldähnlichen Gebieten der Karpaten [...] nur eine geringe Rolle gespielt. [...] Zudem ist die Siedlungsdichte der Art in dichten Wäldern stets gering, und das Vorhandensein starken Raubwildes trug in früheren Zeiten vollends zu seiner Seltenheit bei.«[9] Durch die Ausrottung der großen Beutegreifer und die geringe Bejagung der Rehe ist ihr Bestand jedoch auf ein Mehrfaches der natürlichen Populationsgröße angewachsen. In Folge hat der selektive Verbiss an zarten Kräutern und weichblättrigen Bäumen zu einer ausgeprägten Artenverarmung in unseren Wäldern geführt. Welche Vielfalt an Waldpflanzen ohne diesen Einfluss – auch heute noch – entstehen könnte, lässt sich gut an Weiserzäunen beobachten (siehe Bild S. 97 und Kasten S. 197).

Hirsche und Gämsen sind ebenfalls Wiederkäuer, haben aber eine gänzlich andere Überlebensstrategie als die Rehe. Das Rotwild, so nennt man die Gesamtheit der männlichen **Hirsche**, Hirschkühe und -kälber, ist mit seinem massiven Körperbau, den langen Beinen sowie einer großen Lunge und einem effektiven Wiederkäuermagen dem Leben im Offenland angepasst. Dabei hat es sich in Koevolution vorrangig mit seinem ärgsten Fressfeind, dem Wolf, entwickelt. Als in Mitteleuropa immer mehr dichte Buchenwälder entstanden, wichen die Rothirsche in lichtere Wälder aus, etwa in Au- oder Bruchwälder oder in die Hochlagen der Gebirge. Von dort mussten sie im Winterhalbjahr in die Täler ziehen, um ausreichend Nahrung zu finden. Auf diesen Wanderungen waren sie aber leichte Beute für Wölfe, die müde und erschöpfte Tiere rasch identifizierten und töteten. Das einst spärliche Rotwild wurde erst zahlreicher, nachdem der Mensch viele Wälder gerodet oder durch eine ungeregelte Holzentnahme gelichtet hatte. Da man gleichzeitig ihre Fressfeinde, die Wölfe, stark bejagte, konnten sich die Hir-

Rehe sind die Hauptnahrung des Luchses. Ein junger Luchs stillt seinen Hunger an einem Exemplar, das seine Mutter gerissen hat (Bild: Georg Meister).

sche langsam, aber stetig vermehren. Diese Zunahme ging allerdings zulasten der Bauern, da sich die Tiere vorwiegend von den angebauten landwirtschaftlichen Früchten ernährten.

Gämsen gehören anders als Rotwild und Rehe nicht zur Familie der Hirsche mit jährlich neu nachwachsenden Geweihen; vielmehr zählen sie ebenso wie die mit ihnen verwandten Ziegen zu den Hornträgern. Ihre Stirnzapfen mit den »Krickerl« wachsen jährlich nur wenige Zentimeter oder Millimeter nach. In den letzten Jahren wird von einer kleinen, aber lautstarken Gruppe von Jägern behauptet, die Gämsen stünden kurz vor der Ausrottung. Durch ihren teils aggressiv vorgetragenen Einsatz für hohe Gamsdichten behindern sie die Eindämmung des Wildverbisses im Gebirgswald, der in Zeiten des Klimawandels notwendiger ist denn je. Derartige Behauptungen entbehren jeder Grundlage und lassen sich mit historischen Fakten widerlegen.

Die Gämsen haben sich über Jahrmillionen in Koevolution mit ihren Fressfeinden an einen eng begrenzten Lebensraum angepasst. Sie sind hervorragende Kletterer, die sich mit einem mächtigen Satz in oder auf Felsen vor Beutegreifern retten können, und finden sich ausgezeichnet in den felsdurchsetzten Bereichen oberhalb der Waldgrenze zurecht. In Deutschland ist dieser natürliche Lebensraum der Gämsen auf einen schmalen Grenzstreifen im Norden der Alpen begrenzt. Von Natur aus waren die Tiere deshalb hierzulande vergleichsweise selten. Insbesondere im inneren bayerischen Hochgebirge gab es in früheren Zeiten wahrscheinlich deutlich weniger Gamswild als heute. Das vermutet jedenfalls Franz von Kobell, der darüber eingehende Quellenstudien betrieb.[10] Zur Unterstützung seiner Annahme führt er unter anderem an, dass in den Tegernseer Klosterrechnungen zwischen 1568 und 1580 – also in einem Zeitraum von 13 Jahren – »nur 16 Gemsen erscheinen. […] Nun kann es aber sein, daß diese Zahlen dem wirklichen Gamsstand nicht entsprechen; daß vielleicht die Jäger mit ihren ungenügenden Waffen der beschwerlichen Gamsjagd nicht so eifrig nachgingen […] Sicher aber werden die damals häufigen Bären, Wölfe, Lämmergeier und namentlich die als Gamswürger gefürchteten Luchse den Gamsstand sehr stark gezehntet haben.«

Auch gegen Ende des 18. Jahrhunderts schien der Stand an Gämsen gering gewesen zu sein. Im Bereich des Klosters Tegernsee wurden zwischen 1768 und 1782 nur 29 Gämsen erlegt, aber auch 39 Luchse. Ähnliche Zahlenverhältnisse lassen sich um diese Zeit für das ganze Gebirge nachweisen. Damit leitete man eine regelrechte Hege des Gamswildes ein, die durch strikte Dezimierung natürlicher Feinde sowie durch Winterfütterung und die Anlage von Äsungsflächen auf dessen starke Vermehrung abzielte. Sie nahm aber ebenso wie beim Rotwild erst mit der Säkularisation Fahrt auf, als große Teile des Gebirges an den Staat fielen und die Königlichen Leibgehege sowie die Regie- und Reservejagden eingerichtet wurden. Im Leibgehege Tegernsee zum Beispiel stieg durch die Hege der Gamsbestand in nur 50 Jahren auf das Zwölffache: Das belegen Wildstandsmeldungen über erlegte Gämsen, die von 27 Stück im Jahr 1808 kontinuierlich bis auf 320 Stück im Jahr 1858 ansteigen.

Die Zunahme des Gamsbestandes erfuhr ebenfalls durch den Wildmord der Jahre nach 1848, der weiter unten genauer beleuchtet wird, einen Rückschlag. Dieser Rückschlag wurde aber bald wieder aufgeholt, denn die »Forstverwaltung Bayerns« gibt 1861 allein für die Leib- und Reservejagden einen Stand von etwa 8 000 Gämsen an: »[…] Den höchsten Gamsstand dürften wir mit weit über 25 000 Stück um 1880 gehabt haben. […] Das Gamswild – von seinen Feinden, wie Wolf, Luchs, Lämmergeier, Adler befreit – belohnte die Hege durch starke Vermehrung und, da dieses genügsame Wild völlig unschädlich ist, kann eine solche Vermehrung nur dankbar begrüßt werden.«[11]

An einer Hauswand nahe Hindelang im Allgäu sind sieben Luchsköpfe zur Schau gestellt: Offenbar ist man stolz auf die Ausrottung dieser Beutegreifer, die nach Ansicht der Jäger Rehwild »rauben« und daher früher zum »Raubzeug« gezählt wurden. Durch gnadenlose Verfolgung war Europas größte Wildkatze in Bayern bereits um 1800 aus den Tieflagen verschwunden, knapp hundert Jahre später auch im Alpenraum. Nach gezielten Auswilderungen leben heute bei uns wieder wenige der inzwischen streng geschützten Tiere, doch werden des Öfteren Exemplare erschossen oder vergiftet aufgefunden. Als natürliche Feinde des Rehs tragen Luchse zur Regulierung der Wildbestände bei – so man sie am Leben lässt (Bild: Georg Meister).

Nach der Ausrottung der Luchse und einer völlig naturwidrigen Hege konnten sich die Gämsen bis in Bergwälder ausbreiten, wo sie die Vegetation auch in den Wintermonaten, nachdem Rehe und Hirsche in tiefere Lagen abgewandert waren, stark verbissen. Die dramatischen Folgen ihrer jahrzehntelangen Unterbejagung in Bayern wurde bei der Gamsräudewelle in den 1950er und 1960er Jahren offensichtlich: Diese von Milben verursachte Krankheit ist hochansteckend und verbreitet sich besonders schnell in dichten Beständen. Weil man versäumt hatte, eine weitere Ausbreitung von Berchtesgaden nach Westen durch eine massive Reduzierung selbiger zu stoppen, mussten im Laufe der Jahre viele Hundert Gämsen elendiglich sterben.

Auch in den folgenden Jahrzehnten wurden die Bestände der tatsächlich vorhandenen Gämsen teilweise um ein Mehrfaches unterschätzt, da sie sich im Wald oder in größeren Latschenfeldern nicht einmal nur annähernd zählen lassen. Koevolution findet nicht lediglich unter Tierarten, sondern auch zwischen Tier- und Pflanzenarten statt. So haben sich die Kräuter, Sträucher und Bäume über Jahrmillionen dem Verbiss der Pflanzenfresser angepasst. Manche Kräuter des Pionierstadiums wie etwa das Waldweidenröschen produzieren riesige Mengen an Samen und schicken diese mit dem Wind auf die Reise; andere Pflanzen wehren sich mit Stacheln oder Dornen gegen ihre Widersacher. Die Lichtbaumarten Kiefer und Fichte haben beispielsweise spitze und harte Nadeln ausgebildet, die es Rehen und Hirschen mühsam und schmerzhaft machen, sie zu verbeißen. Ganz anders ist die Situation bei der Tanne, die als Schattbaumart meist weit ab von den lichtdurchfluteten Reh-Verstecken aufwächst. Diese dichten, dunklen Waldteile werden von den großen Pflanzenfressern weitgehend gemieden, da es dort nur im zeitigen Frühjahr ausreichend Nahrung gibt. Auch die Rothirsche bleiben ihnen fern, da sie dort ihr bewährtes Fluchtverhalten – den langen, ausdauernden Lauf – nicht ausspielen können. Deshalb waren die jungen Tannen in diesen Teilen des Waldes, welche einst den Großteil seiner Fläche ausmachten, im Laufe ihrer Entwicklung wenig durch Wildverbiss gefährdet und mussten keine besonderen Abwehrmechanismen entwickeln. Nur wenn Tannensämlinge zu nahe an Reh-Lebensräumen aufwachsen, sind sie gefährdet. So haben sich im Laufe der Koevolution fast alle am Boden wachsenden Pflanzenarten dem mehr oder weniger großen Verbiss der Pflanzenfresser angepasst.

In früheren Jahrhunderten waren die schon etwas dichteren Schichten der Resilienzvegetation bevorzugte Lebensräume der damals vergleichsweise wenigen Rehe. Das wussten auch die Luchse und gingen bevorzugt in diesen Gebieten auf die Pirsch – eine natürliche Populationsregulierung. Nach der Ausrottung der großen Beutegreifer vor knapp 200 Jahren und der anschließenden starken Zunahme des Rehwildbestandes konnten und können sich viele der für die Resilienzvegetation typischen Kräuter und Gehölze kaum noch entwickeln – denn gerade sie bilden schließlich die bevorzugte, natürliche Hauptnahrung der Rehe.

Die Erfahrungen der letzten 140 Jahre zeigen, dass der immer wieder geforderte Umbau naturwidriger Nadelbaum-Monokulturen in naturnahe Mischwälder am selektiven Verbiss des Rehwildes gescheitert ist: Dieser verhindert eine natürliche Verjüngung des Waldes und die Ausbildung eines Resilienzstadiums auf größeren Kahlflächen. Mit dem Verschwinden der dafür notwendigen Pflanzen ist auch das Wissen um deren große Bedeutung verloren gegangen. Dazu hat sicher die Grundeinstellung vieler Förster beigetragen, dass es einen wirtschaftlich wertvollen Wald ohne forstliche Eingriffe nicht geben kann. Für die meisten unter ihnen ist der natürliche Urwald chaotisch und kein Vorbild für die Waldbewirtschaftung; tatsächlich halten sie den Kulturwald, in dem die natürliche Phase des Sterbens und Verwesens fehlt, für lebendiger und lebensfreundlicher.

Diese Einstellung zur Natur hat die Entwicklung der Forst- und Jagdpolitik der letzten Jahrhunderte geprägt – und prägt auch die heutige Diskussion um die Behandlung des Waldes im Klimawandel. In den folgenden Kapiteln soll diese wechselhafte Geschichte nachgezeichnet werden. Dabei sehen wir nicht nur die Irrwege, die uns in die derzeitige missliche Lage geführt haben, sondern auch, dass wir von der Natur lernen müssen, wenn wir unsere Wälder retten wollen. Diese Sichtweise ist nicht neu. Schon im Jahr 1950 stellte der bayerische Forstwissenschaftler Josef Köstler fest: »Wo das Waldleben ungestört und unverdorben vom Menschen gesund geblieben ist, dort allein wird man es in seinem wahren Charakter kennen lernen können. Jeder Urwaldbestand vermag uns über das Zusammenwirken der verschiedenen Faktoren zum harmonischen Ausgleich zu unterrichten, vermag uns eine standortheimische Lebensgemeinschaft zu zeigen.«[12]

Bauen, Heizen, Jagen

Von der Eiszeit bis 1800

Während der letzten Eiszeit gibt es zwischen den großen Eisflächen im Norden und im Süden Deutschlands große eisfreie Gebiete mit der Vegetation einer Tundra. Diese offene, baumfreie Landschaft mit ihren Flechten, Moosen, Gräsern und Zwergsträuchern bietet Lebensraum für große Herden von Tieren wie Mammuts oder Wildpferde. Die damaligen menschlichen Bewohner sind in erster Linie Jäger und Sammler. Ihre Zahl beträgt im Gebiet der heutigen Bundesrepublik groben Schätzungen zufolge nur einige Zigtausend. Zum Vergleich: Bezogen auf die Gesamtfläche von Berlin wären das etwa 20 bis 40 Menschen.
Als sich das Eis allmählich zurückzieht und den Boden für die Vegetation freigibt, kehren auch die Bäume aus ihren »Überwinterungsgebieten« im Süden, Südosten oder Südwesten allmählich wieder zurück. Wo sie Wurzeln schlagen, wird es am Boden dunkler. Daher wachsen dort immer weniger Gräser und Kräuter – und so wandern die Herden der großen Pflanzenfresser in Gebiete ab, in denen noch die Tundra mit ihren saftigen Gräsern vorherrscht. Auf den übrigen Flächen erbeuten die Jäger geringere Mengen an Wild. Ihre Nahrungsvorräte reichen kaum über den Winter, daher können sie nur wenige Kinder großziehen. Folglich geht die Bevölkerungszahl im Gebiet des heutigen Deutschlands zunächst zurück.

Im Zuge der Neolithischen Revolution, die etwa 5500 Jahre vor Christi Geburt beginnt,[13] wandern Bauern aus dem Südosten in die vom Eis befreiten Gebiete ein. Sie sind im Gegensatz zu den »Ureinwohnern« nicht auf die Jagd angewiesen, da sie ihre Nahrung durch Ackerbau und Viehzucht selbst produzieren. Die dazu benötigten Flächen müssen sie zwar dem Wald in harter Rodungsarbeit abringen, jedoch ist ihr Einfluss auf die Waldentwicklung insgesamt gering. Bauern und Jäger leben eine Zeit lang nebeneinander. Vermutlich helfen sie sich zum beiderseitigen Vorteil – etwa indem die Jäger die großen Huftiere von der kargen Ernte der Bauern fernhalten oder das Vieh vor großen Beutegreifern schützen und im Gegenzug Ackerfrüchte für ihre Dienste erhalten.

Etwa 2200 Jahre vor Christus wird die Steinaxt durch die Bronzeaxt ersetzt. Zur Herstellung von Bronze ist viel Energie in Form von Wärme notwendig, die zu dieser Zeit allein das Holz zu liefern vermag. Zusätzlich braucht man Brenn-, Bau- und Grubenholz sowie solches zur Produktion zahlreicher Gebrauchsgüter – von Waffen und Werkzeugen über Möbel bis hin zu Aufbewahrungs- und Transportgefäßen. Kurz vor der Zeitenwende dringen die Römer nach Süd- und Westdeutschland vor. In Folge wird regional Wald gerodet und der verbliebene Wald intensiver genutzt. Zu einer nennenswerten Veränderung der Artenvielfalt und -zusammensetzung kommt es dadurch vermutlich aber nur an wenigen Orten. Auch für diese Periode gibt es zur Zahl der Menschen bestenfalls grobe Schätzungen; sie dürfte im Gebiet der heutigen Bundesrepublik bei knapp einer Million liegen.

Mit dem Vordringen der Germanen Richtung Süden und dem Einfall der Hunnen aus dem Osten beginnt 375 nach Christus die große Völkerwanderung. In dieser unruhigen Zeit, die bis ins 6. Jahrhundert anhält, finden lokal wieder temporäre Rodungen statt. Sobald die Menschen jedoch weiterziehen, holt sich der Wald die verlassenen Ackerflächen zurück: Dazu nutzt er seine Resilienzkräfte und entwickelt zunächst eine Pioniervegetation, die nach hundert oder mehr Jahren zu hohen Bäumen aufwächst und sich schließlich erneut in das Mosaik aus unterschiedlichen Entwicklungsphasen einfügt. Nur lokal wird der Wald besonders für die Erz- oder Salzgewinnung schon intensiver genutzt.

Etwa ab dem 6. Jahrhundert unserer Zeit bildet sich eine neue Herrschaftsordnung heraus. An ihrer Spitze steht der König oder Kaiser, unter ihm Adlige wie Herzoge oder Grafen und Geistliche wie Bischöfe oder Äbte. In den Siedlungsräumen werden nur die bewirtschafteten Flächen als Besitz verteilt; der weitaus größere Rest des Landes ist – zumeist bewaldetes – Niemandsland.

Nach dem Sturz des letzten weströmischen Kaisers im Jahr 476 schaffen die fränkischen Könige ein neues Großreich. Um es zu regieren, müssen sie die untergeordneten Herrscher an sich binden und an der Macht beteiligen. Dazu ist es aber notwendig, ihre materielle Versorgung sowie ein hohes gesellschaftliches Ansehen zu sichern. All dies lässt sich in der damaligen Gesellschaft nur über den Besitz von Land bewerkstelligen. Also beanspruchen die fränkischen Könige im 7. Jahrhundert, einer römischen Rechtsbestimmung folgend, alles Niemandsland für sich. Diese Bestimmung wird in den Urkunden als »Einforstung«, auf Latein *Forestatio*, bezeichnet[14] und ist der Grund, warum uns bis heute noch relativ große Waldgebiete erhalten sind, etwa im Harz und im Spessart, als Frankfurter Stadtwald oder Nürnberger Reichswald. Zu den großen Königsgütern wie Goslar, Forchheim oder Frankfurt gehören damals auch entsprechende Königsforste. Um ihre Nutzung durch die Bauern zu kontrollieren, bedarf es eigener Aufsichtspersonen, die in den alten Urkunden als *Forestarii* bezeichnet werden – die ersten Förster des frühen Mittelalters.

Die nunmehr »eingeforsteten« Waldgebiete dienen nicht nur dem Machterhalt der Könige, sondern auch ihrem wichtigsten Freizeitvergnügen: der Jagd. Damals verfolgt der Adel seine Beute, meist Hirsche, zu Pferd über weite Strecken, um sie mit dem Schwert zu erlegen. Solche Jagden müssen gut organisiert sein; das gehört ebenfalls zur Aufgabe der *Forestarii*. Damit gewinnen sie weit mehr Ansehen bei Hofe, als sich mit der bloßen Beaufsichtigung der bäuerlichen Waldnutzung erzielen ließe.

Das Land, das der Adel und die Kirche für sich beanspruchen, wird von leibeigenen Bauern bewirtschaftet, die gezwungen sind, Naturalien und Dienstleistungen an ihre Herren abzugeben. In den nächsten Jahrhunderten roden sie zunehmend mehr Wald, um Siedlungsflächen und Ackerland zu schaffen. Allerdings schwankt die Bevölkerung durch Kriege und Seuchen stark; so liegen stellenweise große Flächen brach. Auch sie werden unverzüglich von einer Resilienzvegetation bewachsen und binnen weniger Jahrzehnte wieder in das altersgemischte Mosaik der örtlichen Wälder integriert.

Dennoch gibt es gegen Ende des 13. Jahrhunderts in Deutschland an die 170 000 Siedlungen; in Folge ist das Land nun nur noch zu einem Drittel bewaldet.

Meist handelt es sich bei diesen Bereichen um sogenannte »Nährwälder«: Der Abbau von Holz reiht sich nahtlos in die Nutzung anderer Früchte des Waldes ein. Von Interesse sind beispielsweise Honig und Wachs von Waldbienen, Kiefernharz oder Lindenbast. Auch bei der Erzeugung von Fleisch spielt der Wald eine wichtige Rolle. Als »Gottesgeschenk« gelten Mastjahre der Eiche. Zu diesen besonderen Anlässen werfen die Eichenwälder Millionen Eicheln ab, mästen dadurch die Schweine, die man eigens zum Fressen in sie hineintreibt, außergewöhnlich fett – ein wahrer Segen für die Bauern.[15] Möglich ist dies aber nur in einem Wald mit großen Eichenkronen, weshalb die Besitzer solcher Wälder einen hohen Pachtzins, auch »Dechelgeld« genannt, erheben. Jeder Baum, der Früchte trägt, genießt zudem als »Brotbaum« einen besonderen Schutz vor Abholzung.

Schließlich dienen viele Wälder als Viehweide oder um Laub zu liefern, das als Streu in die Ställe und später mit dem Mist als Dung auf die Felder und Äcker gebracht wird. Die meist kleinen Wälder der Siedler bestehen überwiegend aus »Hochwald«, dessen Bäume allesamt aus Samen zu ihrer vollen Höhe aufgewachsen sind. Auf die Ernte einigermaßen dicker Stämme muss man dort 50 Jahre oder mehr warten. Deshalb erfinden die Menschen, damals noch gute Naturbeobachter, den »Niederwald«, der sich größtenteils aus Laubbäumen zusammensetzt. Diese kann man, auch nachdem ihr aus dem Samen erwachsener Stamm gefällt wurde, mehrmals abhacken, weil sie danach wieder »aus dem Stock« austreiben. Die neuen Stangen sind schon nach etwa 20 Jahren dick genug für vielerlei Zwecke und werden erneut abgeschlagen; so bleibt der Wald nieder. In manchen Gebieten werden die verfügbaren Flächen zunächst zur Brennholzgewinnung genutzt, bevor man darauf für einige Jahre Getreide anbaut – das jedoch eine armselige Ernte einbringt. Anderswo lassen die Siedler einzelne Bäume hochwachsen, um sie später als Bauholz zu ernten; so entstehen die »Mittelwälder«, gleichsam eine Mischung aus Hoch- und Niederwald.

Im Mittelalter werden die meisten Gerätschaften aus Holz gefertigt, weshalb die Menschen damals pro Kopf die sechs- bis achtfache Holzmenge wie heute verbrauchen. Ab dem Ende des 13. Jahrhunderts entsteht mit den wachsenden Städten, den Bergwerken, Glashütten und Salinen, also Betrieben zur Herstellung von Speisesalz, eine große Konkurrenz um den begehrten Rohstoff. Die überwiegend aus Holz erbauten Städte brennen häufig nieder und benötigen für den Wiederaufbau große Mengen an Bauholz, das sich am bequemsten auf Flüssen über große Flöße transportieren lässt. Folglich beuten die Menschen in Flussnähe wachsende Wälder oft bis an die Grenzen ihrer Belastbarkeit aus.

Im Jahr 1349 wird Deutschland von der Pest heimgesucht. In nur drei Jahren stirbt etwa ein Drittel der Bevölkerung und jede fünfte Siedlung verwandelt sich in eine Geisterstadt. Auf den allermeisten dieser »Wüstungen« ermöglicht die Resilienzvegetation ein Wiederaufleben des Urwalds. Als die schlimme Seuche endlich zum Erliegen kommt, nimmt die Bevölkerung langsam wieder zu. Abermals wird nach Bedarf gerodet und der übrige Wald dabei stellenweise so stark genutzt, dass große Lücken entstehen. Schon 1368 schlägt Peter Stromer, ein einflussreicher Ratsherr und Bergbauunternehmer aus Nürnberg, vor, Samen von Tannen, Fichten und Kiefern zu sammeln und im Wald auszusäen.[16] Damit beginnt die künstliche Verjüngung der Wälder, die sich im Lauf der Zeit immer mehr durchsetzt. Die Idee ist aus der Not geboren, denn zu Beginn des 16. Jahrhunderts beträgt der Anteil des Waldes an der Landesfläche erneut nur etwa ein Drittel. Zudem fordern die Herrschenden von den Bauern immer höhere Abgaben etwa für den Schweineeintrieb und erlassen Forstordnungen, mit denen sie die Nutzungsrechte der Landbevölkerung weiter einschränken. Bei Verstößen drohen drakonische Strafen.

Während die einfachen Leute darben, vergnügen sich die Mächtigen bei der Jagd. Dazu hegen sie große Rudel an Hirschen oder Wildschweinen, welche die Früchte der Bauern auf den Feldern wegfressen. Was davon noch übrig bleibt, verwüsten die Reiter bei den Jagden zu Pferd. Dass den Landesherren die verheerenden Ernteschäden aufgrund des hohen Wildbestandes schon damals bekannt sind, geht aus einem Bericht des Herzogs Heinrich von Landshut Mitte des 15. Jahrhunderts hervor, wobei *rotten Wild* »Rotwild« und *traid* »Getreide« bezeichnet: »Der Herr hett groß lieb zu den rotten Wild. darumb ward des Wilds unsäglich vil, das denn Leuten reich und armen vil schaden davon geschah an irem traid.«[17]

Mit jedem Jahrzehnt verschlimmert sich die Lage für die Landbevölkerung; ihre Wut entlädt sich schließlich im Bauernkrieg ab 1524. Nach dessen blutiger Niederschlagung setzen die Grundherren ihre Rechte noch brutaler durch. Die

Bauern sind gezwungen, ihrem Wald in Ortsnähe alles abzuverlangen, und fördern vor allem jene Baumarten, die sie verwerten können: Die masttragende Eiche wird ebenso begünstigt wie aus dem Stock ausschlagende Arten, darunter Linden, Ahorne, Hainbuchen oder auch Haselnusssträucher. So entstehen vielfach weitere Nieder- und Mittelwälder.

Dagegen erfüllen die Hochwälder hauptsächlich drei Aufgaben: Sie sollen den Bau aufwendiger Schlösser und Klöster bezahlen, den aufstrebenden Industrien als Energieträger dienen und den Schauplatz für groß angelegte Jagdspektakel abgeben. Der hohe finanzielle Aufwand, der mit der Konstruktion repräsentativer Gebäude verbunden ist, wird über den Verkauf der mächtigsten Bäume – der großen Tannen – besonders aus dem Schwarzwald und dem Frankenwald geleistet: Sie gelangen, zu großen Flößen zusammengebunden, über den Rhein bis nach Holland, wo man sie zum Bau der Flotten und als Fundamente umfangreicher Hafenanlagen dringend benötigt und gut bezahlt. Wo es nach dem Aushieb der starken Tannen noch ausreichend »Schlaftannen« oder junge Tannenbäumchen gibt, können sich über eine Resilienzvegetation zunächst wieder tannenreiche Bergmischwälder entwickeln.

Wo sich keine starken Tannen oder Eichen ernten und verkaufen lassen, nutzt man den Wald rücksichtslos für zwei sehr unterschiedliche Zwecke: Zum einen werden darin gewaltige Mengen an Hirschen und Wildschweinen herangehegt, den bevorzugten Jagdobjekten des Adels. Zum anderen muss der Wald wesentlich zum Überleben der verarmten Bevölkerung beitragen. Diese Doppelbelastung führt dazu, dass sich der Ertrag von Jahr zu Jahr verringert. Ausgenommen sind lediglich die für den Staatshaushalt besonders wichtigen Bereiche, wie etwa Salinenwälder.

Dies ändert sich mit Beginn des Dreißigjährigen Krieges. Die ab 1618 im ganzen Land marodierenden Heere rauben und morden oft wahllos. Mehr als ein Drittel der Bevölkerung kommt durch Totschlag, Hunger und Seuchen ums Leben, insbesondere in den ländlichen Gebieten. Erneut müssen viele Siedlungen aufgegeben werden. Die ausgebeuteten Wälder können sich indes erholen und zurück auf ein naturnahes Niveau verdichten. Begünstigt wird dieser Prozess durch eine parallele Entwicklung: Kriegsbedingt kommt die Vernichtungskampagne

Bereits in der Antike trieben die Menschen ihr Vieh in den Wald und ließen es dort nach Nahrung suchen. Im dicht besiedelten Deutschland bildete diese Nutzungsform, auch »Waldweide« genannt, ab Mitte des 12. Jahrhunderts oft die Norm. Während Hausschweine besonders gerne nahrhafte Früchte wie Eicheln und Bucheckern fraßen, bedienten sich Kühe neben Waldkräutern auch an den Trieben, Blättern und Knospen junger Bäume. Dieser Verbiss verhinderte die natürliche Verjüngung des Waldes und veränderte – da manche Bäume schmackhafter waren als andere – die Baumartenzusammensetzung. Durch die über Jahrhunderte anhaltende Beweidung entstanden lichte bis fast offene, parkartige Wälder mit schwachem Unterwuchs und wenigen großkronigen, alten Bäumen (Bild: Georg Meister).

gegen die großen Beutegreifer, vorrangig den Wolf, zum Erliegen. Dadurch vermehren sich die natürlichen Feinde von Rothirsch und Wildschwein wieder und dezimieren die vorher weit überhöhten Wildbestände. So wachsen etwa im Spessart neue Eichenwälder auf, die wir heute beispielsweise im »Heisterblock« nahe Aschaffenburg noch in all ihrer Pracht bestaunen können.

Aus moderner Perspektive hätte dieser geringere Druck auf den Wald damals die Chance für eine Unterteilung in Holz-, Industrie-, Weide- und Jagdwälder geboten. Aber die großen und kleinen Standesherren denken nicht daran, ihre Privilegien einzuschränken, und halten noch während des mörderischen Krieges ihre Hofjagden ab. Und wie schon in den Jahrhunderten zuvor geht auch dieses Jagdvergnügen zulasten der Bauern.

In dieser Zeit ist der Kontrast zwischen der auch in der Jagd ausgelebten Prasserei der Landesherren und der Armut der ländlichen Bevölkerung besonders groß. Überall in Deutschland erinnern abgebrannte Burgen an den Volksaufstand, den die unterdrückten Bauern 200 Jahre zuvor gewagt haben. Deshalb legen die Fürsten und die Jagdverwaltungen großen Wert darauf, dass die Öffentlichkeit möglichst wenig über die der Jagd geschuldeten Leiden der Landwirte erfährt. Eine Ausnahme bilden die Aufzeichnungen des Gutsherrn Simon Rottmanner, der von 1740 bis 1813 lebt und als Begründer der bayerischen Forstwirtschaft gilt. Als studierter Jurist kennt er die Rechtslage – und als Verwalter großer Landgüter weiß er aus der Praxis, wie die Gesetze von Jägern und Förstern zum eigenen Wohl missachtet werden. Auch erkennt er die negativen Auswirkungen der Jagd, die hohe Wildbestände fördert und das Vergnügen des Adels über die Bedürfnisse der Bauern stellt. Sein Lehrbuch mit dem Titel *Nothwendige Kenntniße und Erläuterungen des Forst- und Jagdwesens in Bajern*, in dem er diese Beobachtungen niederschreibt, muss aufgrund der Zensur anonym erscheinen. Darin deckt er außerdem die Korruption des Oberstjägermeisteramtes auf und prangert an, dass der Landwirt nach dem neuen Mandat sein Recht auf den Ersatz von Schäden verwirkt, wenn er das dafür ursächliche Wild nicht bei Tag und Nacht durch »Geißeln, Räthschen, Kläpern, Schreyen« aus den Feldern vertreibt. Aus diesem Grund drängt Rottmanner darauf, Forst- und Jagdwesen endlich zu trennen und die Förster erst nach einer gründlichen Ausbildung einzustellen. Sein fortschrittliches Werk kommt in der damaligen Zeit als Forstlehrbuch nicht infrage; trotzdem werden seine fundierten Vorschläge von vielen Beamten gelesen und fließen teilweise auch in Gesetze ein.

Zur Motivation der damaligen Förster schreibt Rottmanner: »Durch die Jägerey verdiente er den Försterdienst, durch die Hegung vielen Wildes erwarb er sich Lob und Achtung, und vermehrte seine Einkünfte. Aber durch die pflegliche Forstwirtschaft konnte er sich keine Ehre machen, er wurde vielmehr von seinen Cameraden als ein Sonderling verachtet und verspottet worden seyn.«[18] An anderer Stelle heißt es: »Der Beamte, Priester, Bürger, Bauer, der einmal durch die Jagdlust bezaubert worden ist, läuft ohngeachtet aller Strafen, die auf ihn warten, dem Wilde nach, und versäumet seine Berufsgeschäfte: der Förster thut dieses umso mehr, weil er nicht nur keine Straf, sondern Lob und Gewinn zu erwarten hat, und das Jagen als einen Theil seiner Amtsschuldigkeit ansieht.«[19] Weiter führt er aus: »Jeder Jäger trachtet einen großen Wildstand zu unterhalten. Das Wildpret nähret sich vom Walde, oder von den Feldern der Unterthanen, und der ganze Nutzen fließt dem Jäger zu. Dieser erhält dadurch auch Gelegenheit, sich selbst, seinen Oberen und Gönnern verschiedene Lustbarkeiten zu verschaffen, sich Ehre und Ruhm, Schenkungen und vielleicht auch eine Vermehrung der Besoldung zu verdienen. Es ist also ganz natürlich, daß jeder Jäger auf Unkosten des Staates so viel Wild hält, als er kann und darf.«[20] Zudem wird betont, dass »die Forstbediensteten, wenn sie mit dem Jagdwesen zu thun haben, den Forst vernachlässigen; und daß sie das Forstwesen insgemein als eine Nebensache ansehen […].« Erst im Jahr 1908 werden die beherzten Vorschläge Rottmanners für einen geordneten Forstbetrieb vom damaligen Rektor der Ludwig-Maximilians-Universität München gewürdigt. Trotzdem haben die heutigen Forstverwaltungen diesen kritischen Wissenschaftler und Praktiker weitgehend »vergessen«.

Gegen Ende des 18. Jahrhunderts sind die meisten ortsnahen Wälder im Flachland sehr lückig und daher nur noch bedingt leistungsfähig. Ganz wesentlich trägt dazu bei, dass Rinder und Pferde über den Winter im Stall gehalten werden. Als Einstreu kommt Laub zum Einsatz, das man im Herbst zusammenrecht und das deshalb nicht mehr in den Kreislauf des Waldes zurückgelangt. Stattdessen landet es im Frühjahr mit dem Mist auf den Äckern. Diese jahrzehntelang praktizierte intensive »Waldstreunutzung« führt zu einer deutlichen Verarmung des Waldbodens. Doch damit nicht genug.

Schon seit der vorrömischen Zeit ist die Gewinnung von Salz, dem »weißen Gold«, ein wichtiger Industriezweig, vor allem in Lüneburg und in Reichenhall. Zum Sieden des salzhaltigen Wassers, der Sole, benötigt man riesige Holzmengen. Dazu sind Nadelbäume aus zwei Gründen besonders gut geeignet: Aufgrund ihres geringen Gewichts gegenüber Laubbäumen schwimmen sie gut und lassen sich entsprechend gut triften, also auf Flüssen und Bächen transportieren. Außerdem geben Nadelhölzer im Ofen genau die richtige Hitze ab, während beispielsweise Buchen zu heiß brennen und die kupfernen Sudpfannen zum Schmelzen bringen.

Ihre besondere Eignung macht die Nadelhölzer begehrt; infolgedessen werden die Wälder im Einzugsbereich der Saline Lüneburg grob ausgebeutet. Diese ungezügelte Holznutzung verstärkt die Tendenz zur offenen Landschaft der Lüneburger Heide zusätzlich. Ganz anders verläuft die Entwicklung im Einzugsbereich der Saline Reichenhall. Dort nutzt man nämlich zunächst die nadelbaumreichen Wälder im österreichischen Teil der Saalach. Die Fichten und Lärchen werden arbeitsaufwendig mit der Axt gefällt, in kürzere Stücke zerhackt und danach über ein raffiniertes System von Bächen an ihren Bestimmungsort getriftet. Auch erschließt man den näheren Einzugsbereich von Reichenhall durch »Klausen«, mit denen das Wasser zunächst angestaut wird, um es später als mächtigen Schwall zu entlassen, sowie durch Triftbäche, um die dortigen Wälder mehrfach in großen »Plünderhieben« abzuholzen. Dabei werden alle Nadelbäumchen schon ab der Stärke eines »Hackenschneid«, also einem Durchmesser von etwa sieben Zentimetern, gefällt. Durch diese Hiebe entstehen große Flächen, auf denen in unterschiedlicher Dichte noch Laubbäume sowie zahlreiche schwächere Nadelbäume – oft vorwiegend Tannen – stehen.

Manche dieser Bereiche, die an benachbarte Almen grenzen, werden von dort aus durch Rinder oder Schafe beweidet und dabei selektiv verbissen, was ihre naturnahe Wiederbewaldung verzögert. Auf den meisten Hiebsflächen, wo dagegen kein Vieh grast und Luchse oder Wölfe die Bestände an Rot-, Reh- und Gamswild auf einem niedrigen Niveau halten, kann sich nach einem durchlaufenen Resilienzstadium stets wieder ein naturnaher Bergmischwald entwickeln.

Eine Briefmarke erinnert an die 1619 vollendete Soleleitung, die damals als technische Meisterleistung galt: Das mit Salz gesättigte Wasser wurde in ausgehöhlten Baumstämmen ab Reichenhall zunächst von großen Pumpwerken bergauf befördert, um dann im natürlichen Gefälle zur neu erbauten Saline in Traunstein zu fließen. Wozu dieser Kraftakt? Im Einzugsbereich der nach Reichenhall fließenden Saalach waren die Wälder nach mehrmaligen großflächigen Hieben derart übernutzt, dass eine dauerhafte Versorgung der alten Saline mit Brennholz infrage stand. Dagegen gab es an den nach Traunstein fließenden Gewässern noch viele alte Bergmischwälder, mit deren Holz man die neuen Sudpfannen erhitzen konnte (Bild: Wilfried Heisel).

Der Ertrag aus der Salzgewinnung füllt die Staatskasse und kommt auch der Bevölkerung zugute. Im Jahr 1661 hält ein Reichenhaller Ratsschreiber namens Schmidt fest: »Gott hat die Wäldt für den Salzquell erschaffen auf daß sie ewig wie er continuieren mögen / also solle der Mensch es halten: Ehe der alte ausgehet, der junge bereits wieder zum verhackhen hergewaxen ist.« In dieser »Ewigen Kontinuität« des Waldes verbirgt sich – zumindest im deutschen Sprachraum – die erste

Forderung nach einer nachhaltigen Nutzung natürlicher Ressourcen. Ihr liegt die Erfahrung zugrunde, dass die Entnahme der stärkeren Fichten und Tannen in einer Weise erfolgen sollte, die heutige Förster als »ungleichen Schirmschlag« bezeichnen. Dabei bleiben alle schwächeren Bäume unberührt. Danach muss eine artenreiche Resilienzvegetation – welche man damals sehr wohl kannte, wenn auch nicht unter diesem Namen – sowohl den vorhandenen Humus bewahren als auch neuen Humus aufbauen (siehe S. 38 ff.). Schon zu jener Zeit weiß man, dass unter ihrem Schutz wieder junge Tannen, Buchen und Fichten aufwachsen – und nach 160 bis 180 Jahren als starke Nadelbäume geerntet werden können.

Die »Waldmeister« der Salinenwälder beobachten im benachbarten Berchtesgaden auch, dass diese natürliche Wiederbewaldung über das Resilienzstadium etwa ab dem Jahr 1820 bei »gehegten«, also bewusst auf hohem Niveau gehaltenen Wildbeständen nicht mehr funktioniert. Deshalb wird im Einzugsgebiet der Reichenhaller Saline bis zum Ende der Salinenzeit im Jahr 1867 das Wild weder gehegt noch im Winter gefüttert. Entsprechend war »der Wildbestand […] in den Reichenhaller Wäldern nie hoch. Er hob sich erst unter den finanziell bemittelten Pächtern, die reichlich fütterten und genügend Aufsichtspersonal zu halten vermochten, gegen Ende des 19. Jahrhunderts […]. Ein stärkeres Auftreten von Rotwild ist nirgends gemeldet […].«[21] Dennoch wächst der Holzbedarf der Saline bis zum Beginn des 17. Jahrhunderts so stark an, dass er sich aus den von Reichenhall flussaufwärts gelegenen Wäldern nicht mehr decken lässt. Abhilfe schafft ein von Hans Reiffenstuel konstruiertes System aus Pumpen, das als technische Meisterleistung in die Geschichte eingehen wird: Es befördert die Sole über eine 32 Kilometer lange Leitung aus Holzrohren nach dem knapp 120 Meter höher gelegenen Traunstein. In der dort errichteten Saline können fortan die Wälder um Ruhpolding und Marquartstein für die Salzgewinnung genutzt werden.

Auch im sächsischen Erzgebirge benötigt man sehr viel Holz für den namensgebenden Bergbau. Dort scheint jedoch die Leistungskraft des Waldes durch eine ungeregelte und allzu rohe Nutzung überansprucht. Deshalb fordert der kursächsische Oberberghauptmann Hans Carl von Carlowitz 1713 in seinem wegweisenden Werk *Sylvicultura Oeconomica* »eine continuirliche, beständige und nachhaltende Nutzung«.[22] Ihm zufolge ist die Zufuhr einer ausreichenden Menge Holz für die Produktion wichtiger Erze bei einer weiterhin ungeregelten Waldnutzung stark gefährdet. Spätere Forstleute sollten die Carlowitz'sche Formulierung einer »nachhaltenden« Nutzung übernehmen und daraus den Begriff der Nachhaltigkeit ableiten. Dieses Konzept hat sich inzwischen – zumindest in der Theorie – durchgesetzt und muss heute der oberste Grundsatz unserer forst- und volkswirtschaftlichen Handlungen sein.

Um 1800 leben auf dem Gebiet des späteren Deutschen Reiches etwa 23 Millionen Menschen. Gut zwei Drittel des Landes sind entwaldet. Wo noch Wälder stehen, werden sie in allen leichter erreichbaren Lagen stark und vielerorts sogar übermäßig genutzt. Einige Fürsten erkennen, dass ihre mit gewaltigen Wildbeständen einhergehende Jagdform die Leistungsfähigkeit des Waldes schädigt. Zudem schürt die offene Zurschaustellung ihrer Vergnügungsjagden den Unmut der verarmten Bauern. Zugleich jedoch verbieten Forstverordnungen das Sammeln von Holz und Streu im Wald; wer es der Not halber dennoch tut, riskiert Zusammenstöße mit der Polizei und harte Strafen wegen »Waldfrevels«. Nach und nach wird offensichtlich, dass es so nicht mehr weitergehen kann: Das Leid der Menschen, das wesentlich mit der privilegierten Nutzung und Ausbeutung der Wälder einhergeht, muss ein Ende haben.

Doch einer Kursänderung steht die damals vorherrschende Jagdausübung im Wege, wie der Historiker Martin Knoll in seiner Dissertation am Beispiel Bayerns aufzeigt. Sein Fazit: »Die Geschichte forstadministratorischer Reformansätze im spätabsolutistischen Bayern ist eine Geschichte der Inkonsequenz und des Scheiterns, zu der die Schicht der Träger und Verwalter der Jagdprivilegien einen nicht unerheblichen Beitrag leistete.«[23]

Von Wäldern zu Baumplantagen

1800 bis 1880

Zu Beginn des 19. Jahrhunderts werden die Weichen für die Entwicklung unserer heutigen Wälder gestellt. Dazu tragen im Wesentlichen zwei Entwicklungen bei, die sich gegen die Kräfte der Natur stemmen: So setzt sich zum einen die »weidgerechte Hege« zur Mehrung des Wildbestandes durch, zum anderen die Bewirtschaftung der Wälder nach der »Bodenreinertragslehre«. Beide sollen nachfolgend genauer beleuchtet werden.
Bis zum Ende des 18. Jahrhunderts hält sich die Obrigkeit hohe Bestände an Rotwild und Wildschweinen, die ihre Nahrung zu einem großen Teil auf den Äckern suchen und das Elend der Bauern vergrößern. Nun müssen die Herrschenden jedoch befürchten, dass sich der Volkszorn erneut gegen sie wendet; also überlegen sie, wie sie ihr Jagdvergnügen künftig anders gestalten können. Dabei kommt ihnen die Neuaufteilung in Deutschland nach der Niederschlagung Napoleons zugute: Ehemals kirchliche Besitztümer werden verstaatlicht und etliche hohe Adelige verlieren ihre Titel, erhalten dafür aber – oft bewaldete – Ländereien als Entschädigung. Dort können sie nun, meist im Hinterland abseits der landwirtschaftlich genutzten Flächen, ihrem Jagdvergnügen nachgehen. So entstehen ausgedehnte »Hofjagdreviere«, in Bayern etwa nahe Berchtesgaden, Oberammergau, Oberstdorf oder im Spessart.

Von Natur aus gibt es dort jedoch weniger Wild als gewünscht. Dieser Konflikt ist in einem alten Bericht des Forstamts Berchtesgaden so beschrieben: »Im Winter waren die Berge überhaupt wildleer; das Wild nahm im Herbst seinen Einstand in den Flußtälern [...]. Eine Winterfütterung des Wildes war unbekannt. Der Rotwildstand war daher sehr gering. Dies änderte sich, als mit der Säkularisation der geistliche Grundbesitz an die Krone Bayerns kam und das Herrscherhaus sein jagdliches Interesse dem Gebirge zuwandte [...]. Es setzte sofort eine intensive Hege des Wildes durch Raubwildvertilgung und Winterfütterung ein. Das Rotwild wurde ins Gebirge gewöhnt.«[24] Diese naturwidrigen Maßnahmen fallen unter den Oberbegriff einer »weidgerechten Hege«. Die rasche Zunahme des Rotwildbestandes und die Tatsache, dass sich die Tiere auch im Winterhalbjahr im Gebirge aufhalten, führen bereits nach wenigen Jahren zu einem starken Wildverbiss und Schälschäden an jungen Bäumen. Als der zuständige Forstmeister von Berchtesgaden im Jahr 1826 beklagt, dass »der Unterwuchs vom Wildpret ganz zerfressen sei«, wird er entlassen und durch einen hochrangigen Berufsjäger ersetzt.

Die Abqualifizierung von Förstern, die sich für ein gesundes Waldwachstum einsetzen, und ihre Diffamierung als »Wildfeinde«[25] hat System. Diesen geschmähten »Waldförstern« stehen die »Jagdförster« gegenüber, welche die jagdlichen Interessen ihrer Vorgesetzten bedienen und zudem ein besonderes gesellschaftliches Prestige erlangen, wenn sie ihre eigenen Erfolge auf Trophäenschauen vorzeigen können. So verwundert es nicht, dass letztere die Oberhand gewonnen und damit ganz entscheidend zum heutigen Zustand unserer Wälder beigetragen haben.

Während die »Hegejagd« die Wildbestände immer weiter anwachsen lässt, wollen öffentliche wie private Waldbesitzer zu Beginn des 19. Jahrhunderts auch den Holzertrag in ihren Wäldern steigern. Daher werden eine effektivere Forstorganisation aufgebaut sowie Forstakademien und -lehranstalten zur besseren Ausbildung der Förster gegründet. Inzwischen sind politisch etwas ruhigere Zeiten angebrochen und eine rege Aufforstungstätigkeit setzt ein. Doch rasch zeigt sich, dass die neu gepflanzten Laubbäumchen auf den vielerorts dramatisch aufgelichteten Flächen stark unter Spätfrösten und dem zunehmenden Wildverbiss leiden. Deshalb besinnt man sich auf die robusteren Nadelbäume und pflanzt je nach Standort vorrangig Fichten oder Kiefern, die dort von Natur aus nicht oder zumindest nur als Beimischung von Laubbäumen vorkommen. So wird die ursprünglich von artenreichen Buchen- und Buchenmischwäldern geprägte deutsche Waldlandschaft großflächig in Koniferen-Kunstforste umgewandelt; der Anteil der standortheimischen Buchen und Eichen schrumpft auf etwa 20 Prozent.[26] Diese Praxis charakterisiert der wegweisende Forstpraktiker und -wissenschaftler Wilhelm Pfeil Mitte des 19. Jahrhunderts folgendermaßen: »Viele Fichtenpflanzungen und Kiefernsaaten sind nichts als der Schanddeckel, mit dem man die Missgriffe bei der Nachzucht des Laubholzes zudecken wollte.« Und an anderer Stelle: »Das materielle Bedürfnis gestattet immer weniger, dem Sinn für das Schöne in der Waldwirtschaft Raum zu geben. Erst verschwinden die herrlichen alten großen Bäume, dann die einzelnen malerischen Baumgruppen, zuletzt verdrängt die einförmige graue tote Kiefer das freundliche lebendige Laubholz.«[27]

Anfang des 19. Jahrhunderts glauben die meisten Förster, die »Urwälder« seien viel zu nass, um eine hohe Holzproduktion zu ermöglichen. So heißt es in einer Revierbeschreibung von Rottach am Tegernsee aus dem Jahr 1831: »Die gegenwärtig allzunassen […] Urwaldungen werden nach dem Abtriebe gleichen, schönen Waldungen Platz machen.« Die vermeintlich problematische Nässe liegt in den mächtigen Humusschichten begründet, die sich im Laufe der Jahrhunderte bis zu einem Meter hoch aufgetürmt haben. Weil die Förster deren Wert verkennen, legen sie etwa ab dem Jahr 1820 etliche Entwässerungsgräben in den frisch gepflanzten Nadelbaumforsten an. Das genaue Ausmaß dieser Aktionen ist nicht bekannt, doch lassen die Zahlen für den Bayerischen Staatswald, der etwa 7,5 Prozent der Waldfläche Deutschlands umfasst, die Dimensionen erahnen: Dort werden zwischen 1825 und 1855 jährlich an die 600 Kilometer Gräben zur Entwässerung gezogen. Von 1908 bis 1912 hebt man in den zusammen rund 400 000 Hektar umfassenden bayerischen Gemeinde-, Stiftungs- und Körperschaftswaldungen Jahr für Jahr im Mittel weitere 206 Kilometer Gräben zur Waldentwässerung aus. Diese gigantischen Eingriffe sind auf vielen Standorten Voraussetzung für den gezielten Umbau der früheren Laubmischwälder in naturferne Fichten- oder Kiefernforste. Sie haben zur Folge, dass ein großer Teil der Niederschläge nun schneller aus den Wäldern in die Bäche und Flüsse abfließt – und bei Starkregen zu Überschwemmungen führt.

Die auf einen möglichst hohen Reinertrag an Holz fixierten Förster verkennen nicht nur den Wert des Humus als Wasserspeicher, sondern auch die Bedeutung der vielfältigen Pionierpflanzen für die Resilienz des Waldes (siehe S. 34 f.). Letztere werden in einem Bericht aus dem Jahr 1837 nur als lästiges Unkraut beschrieben: »Bald nach dem Abtriebe des Holzes finden sich die dem Kalkboden eigentümlichen Forstunkräuter *Sambucus racemosa* (Roter Holunder), *Sambucus ebulus* (Zwergholunder), *Atropa belladonna* (Tollkirsche), *Rubus idäus* (Himbeere), *Organum vulgare* (Echter Dost) etc. ein, unter deren Schutz dann die Buche und der Ahorn in großer Anzahl sich ansiedeln.«

In den Revolutionsjahren 1848 und 1849 wird im Zuge der erstmaligen Verleihung ziviler Grundrechte an die Bürger Deutschlands auch die Leibeigenschaft endgültig abgeschafft. Damit erhalten die Bauern das Recht, sämtliches Wild auf ihrem eigenen Grund und Boden zu jagen. In vielen Fällen entlädt sich die jahrhundertelang aufgestaute Wut über die Feudalherrschaft in gemeinschaftlichen Jagden auf Feld und Flur. Was den Bauern an Ausrüstung fehlt, machen sie durch ihren Eifer wieder wett: So gelingt es ihnen trotz primitivster Waffen in nur eineinhalb Jahren, die siedlungsnahen Reh- und Rotwildbestände drastisch zu senken. Über das genaue Ausmaß der Wildreduktion können wir aus moderner Perspektive nur spekulieren, da die zeitgenössischen Berichte weitestgehend von traditionellen Jägern und Förstern stammen und entsprechend gefärbt sind.

Erst ein Jahrhundert später wird man den großen Nutzen der Bauernjagden für die Entwicklung der Wälder erkennen. So schreibt der frühere Oberlandforstmeister Lukas Leiber 1949: »Es ist bedauerlich, daß die weidgerechte Jagd im Laufe eines Jahrhunderts der Holzproduktion im ganzen weniger Hilfe geleistet hat als die Freipirsch des Revolutionsjahres 1848 […]. Wieviel ideale Waldbestände führte man in den letzten Jahrzehnten bei forstlichen Lehrwanderungen mit Stolz vor, die bei näherer Prüfung ihre vollkommene Schönheit jenen beiden Jahren verdankten!«[28]

Zu dieser Zeit existieren bereits unterschiedliche Auffassungen darüber, was unter einer »nachhaltigen« Waldnutzung zu verstehen ist: So hat in Berchtesgaden ein nachhaltiges Jagdvergnügen für das Königshaus die oberste Priorität, während man im benachbarten Reichenhall eine nachhaltige Forstwirtschaft zur Wohlfahrt aller Bürger anstrebt. Ab 1852 setzt sich der Förster Carl Emil Diezel aus Unterfranken in zahlreichen Büchern für den Vorrang des jagdlichen Vergnügens vor einer forstlichen Nachhaltigkeit ein, weshalb er im Folgenden etwas ausführlicher

Wo Bäume natürlich altern und das verrottende Holz im Wald bleibt, häuft sich Humus an, der die Bodenfruchtbarkeit mehrt und zugleich über lange Zeiträume als Kohlendioxidspeicher fungiert (Bild: Georg Meister).

zitiert werden soll. Als maßgebliche Motivation für sein Buch *Erfahrungen auf dem Gebiete der Niederjagd* gibt er an: »Meine Absicht war hauptsächlich nur, jungen Anfängern ein Buch in die Hand zu geben, welches dazu beitragen könnte, ihr Vergnügen zu erhöhen.«[29]

Die Schilderung seiner Ansichten zur Jagd vor und nach 1848 kann als richtungweisend für die Entwicklungen der letzten 160 Jahre angesehen werden. Diezel schreibt: »Nachdem ich seit mehr als 30 Jahren im ungestörten Besitz sehr ausgedehnter und trefflich bevölkerter Jagdbezirke gewesen und wegen meines Wildreichtums wohl tausendmal beneidet worden bin, mir die Neuzeit nicht mehr so viel Grund und Boden übriggelassen hat, daß eine Feldhuhnkette darauf einfallen könnte [...] jetzt aber finde ich mich ganz gut darein; denn ich gehe von dem einfachen Grundsatze aus: daß für jemand, der seit langer Zeit die vorzüglichsten Jagden besessen hat, eine schlechte gar keinen Wert mehr haben könne.«

Besonders großen und langfristigen Schaden sollen folgende Zeilen anrichten: »Wenn ich [...] mich dennoch entschlossen habe, [...] doch noch ein Kapitel zum Rehwilde zu liefern, so kommt es mir beinahe vor, als handle es sich nur noch um eine diesem Thiergeschlecht zu haltende Leichenrede.«[30] Der von Diezel angestrebte »Wildreichthum« erfordert einen besonderen Waldaufbau, der dem Wild auf größeren Kahlflächen und Lücken genügend Nahrung bietet und ihm ermöglicht, sich in dichten Beständen aus jungen Bäumen zu verstecken. Ein solcher »wildgerechter« Wald ist aber nur durch einen ständigen Kampf gegen die Natur zu erreichen und aufrechtzuerhalten. Dennoch fordern Diezels geistige Nachfolger ihn bis heute. Auch die Behauptung einer kurz bevorstehenden Ausrottung des Rehwildes hat sich bis in unsere Tage gehalten und muss bei jeder Forderung nach waldangepassten Beständen als absolutes Totschlagargument herhalten. Dass sie schon damals nicht zutrifft, geht aus einer Veröffentlichung des Königlich Bayerischen Ministerial-Forstbureaus im Jahr 1861 hervor. Dort heißt es: »Auch in der Gegend von Würzburg, im Guttenberger und Gramschatzer Wald, im Steigerwald, Frankenwald, Fichtelgebirg, im Allgäu und bayerischen Hochgebirge um Ettal, Kohlgrub, Partenkirchen, Hohenschwangau, Rosenheim und Berchtesgaden ist ein guter Rehstand.«[31]

Diezel fordert nicht nur eine Nachhaltigkeit des Jagdvergnügens, sondern schlägt außerdem vor, wie mit den Verfechtern einer nachhaltigen forstlichen Waldnutzung zu verfahren ist, sollten diese es wagen, auf Schäden durch überhöhte Wildbestände hinzuweisen: »Vorzüglich bei dem armen Rehwild muß oft, da die Landwirtschaft nicht besonders viel gegen diese unschuldigen Geschöpfe vorzubringen vermag, die Forstwirtschaft die Hand bieten, um den Vernichtungskrieg zu beschönigen. Leider sind unter den geschworenen Feinden des Wildes nur zu häufig Männer, die als Priester Dianas gelten wollen, aber das Kleid derselben unwürdigerweise tragen. So ist mir ein Fall bekannt, daß ein Jagdpächter – zur Schande sei es gesagt, ein Grünrock –, der seine unter den günstigsten Umständen übernommene Jagd barbarisch behandelte, [...] auf die Frage, warum er seine Jagd so unweidmännisch behandle und insbesondere das Reh ganz zu vertilgen trachte, erwiderte: ›Aus forstwirtschaftlichen Grundsätzen handle ich so, da bekanntlich das Reh als der größte Feind des Waldes zu betrachten ist.‹«[32] Dieser Aufruf, jeden Förster, der den Wald nachhaltig bewirtschaften will, als »unweidmännischen Wildfeind« zu brandmarken, sollte gravierende Folgen nach sich ziehen. Fast 100 Jahre später bringt es der Waldbauprofessor Josef Köstler auf den Punkt: »Der Vorwurf der Jagdfeindlichkeit war bislang einer der schwerwiegendsten für einen deutschen Forstmann.«[33]

Die langfristige Wirkung von Diezels Schriften ist nicht zu unterschätzen. Seine *Erfahrungen auf dem Gebiete der Niederjagd* werden bis in die 1960er Jahre immer wieder neu aufgelegt; die darin enthaltenen Vorstellungen einer »weidmännischen Jagd« und die Diffamierung der Vertreter nachhaltiger Wälder haben Generationen von Jägern und Förstern bis heute geprägt. Auch ich selbst, Autor dieses Buches, wurde noch 1978 öffentlich als »unerbittlicher Wildhasser« bezeichnet.

Die freie Jagdausübung im Zuge der 1848er Revolution findet keine zwei Jahre später ihr Ende. Schon 1850 wird den meisten Bauern die eben erst gewährte Jagd auf ihren Flächen durch eine juristische Spitzfindigkeit wieder untersagt: die Trennung von Jagdrecht und Jagdausübungsrecht. Über letzteres verfügt nur, wer zusammenhängende Grundstücksflächen von 70 Hektar oder mehr besitzt. Damit sind 99 Prozent der privaten Waldbesitzer, die oft nur wenige Hektar ihr Eigen nennen, von der Jagd ausgeschlossen. Sie müssen sich in Jagdgenossenschaften zusammenschließen; die auf diese Weise entstandenen Bezirke verpachtet man zunächst an die örtliche Prominenz oder an jagdfreundliche Förster. Dadurch haben die Grundbesitzer nur noch einen geringen Einfluss darauf, wie das Wild tatsächlich bejagt wird und welche Konsequenzen sich daraus für ihre Wälder ergeben – und daran hat sich bis heute nichts geändert.

Diezels »Leichenrede« auf das Reh wirkt sich auch auf die Gesetzgebung aus: In Bayern wird mit Paragraph 3 der Königlichen Verordnung vom 6. Dezember 1857 festgelegt: »Das Schießen und Fangen von Rehgeisen, Wildkälbern, Gems- und

Rehkitzen sowie der Auer- und Birkhennen ist zu keiner Zeit gestattet.«[34] Diese Bestimmung bedeutet einen schwerwiegenden Eingriff in die Natur, wo meist nur etwa jedes zweite Jungtier länger als ein Jahr überlebt. Wenn aber das Wild nach der Ausrottung von Luchs und Wolf weder gefressen noch vom Menschen bejagt wird, vermehrt es sich schon in kurzer Zeit massiv. Die widernatürliche Erhöhung der Reh-, Hirsch- und Gamsbestände ist von den Vertretern der »Jagdfraktion« ganz offensichtlich erwünscht und geplant.

Diesen der Jagd verpflichteten Förstern stehen jedoch auch damals schon Vertreter einer naturnahen und nachhaltigen Waldbewirtschaftung gegenüber, die sich um den Aufbau und Erhalt artenreicher Mischwälder bemühen. So lautet etwa eine Vorgabe in Bayern aus dem Jahr 1858: »Uebrigens wird, wo die Bodenkraft dieß gestattet, die künftige Hochwaldwirthschaft vorzugsweise auf Rothbuchen und Eichen [...] gerichtet und nur insoweit als die örtlichen Verhältnisse zur Erreichung dieses Zieles nicht mehr geeignet sind, Nadelholz nachgezogen.«[35] Noch deutlicher sind die Anweisungen aus dem Jahr 1861: »Die Erhaltung, beziehungsweise Erziehung von Mischbeständen aus Fichten, Tannen und Buchen, welche den Schnee-, Duft- und Windbrüchen sowie anderen nachtheiligen Einflüssen (Insectenbeschädigungen) erfolgreicheren Widerstand bieten, als reine Fichtenbestände, gilt als oberster Grundsatz.«[36] Damit ist ein klares Ziel formuliert, nämlich eine nachhaltige Waldnutzung im Einklang mit der Natur. Aber schon bald zeigt sich, dass die »Jagdfraktion« einflussreiche Unterstützer auf ihrer Seite hat.

Schützenhilfe bekommt sie von einer Generation junger Förster, die der modernen, vermeintlich fortschrittlichen Landwirtschaft nacheifern. Ähnlich wie man die Äcker und Felder mithilfe von hocheffizienten Maschinen bestellt, will man nun auch in den Wäldern die Holzproduktion effizienter gestalten. Statt die Kräfte der Natur wirken zu lassen, soll fortan der Mensch entscheiden, wann wo welche Bäume wachsen und geerntet werden. Jahrhundertelang bewährte Verjüngungsmethoden müssen dem großflächigen Kahlschlag weichen. Auf den restlos gelichteten Parzellen werden dann per Hand Baumsamen in die Erde gedrückt oder kleine Bäumchen in Reih und Glied gepflanzt, die man in Baumschulen und Pflanzgärten vorgezogen hat.

Dieser Wald dient in erster Linie als Holzlieferant und wird wie eine Plantage bewirtschaftet: Die jungen Fichten lässt man in Baumschulen vorziehen, bevor man sie in Reih und Glied pflanzt und nach 80 bis 100 Jahren im Kahlschlag abholzt. Solche Altersklassenwälder aus nur einer Baumart sind extrem anfällig für Windwurf, Krankheiten und Insektenbefall (Bild: Georg Meister).

Die neuen Förster gehen nicht nur bei den Landwirten in die Lehre, sondern begeistern sich auch für die Gedanken des Ökonoms Maximilian Robert Preßler, dessen 1858 erschienenes Werk den Titel *Der rationelle Waldwirth und sein Waldbau des höchsten Ertrages* trägt. Darin fordert er, der Forstbetrieb müsse auf Gewinnmaximierung und die höchstmögliche Verzinsung seines Kapitals ausgerichtet werden. Denn, so lautet sein Credo: »Des Waldbaus Hauptzweck ist: Auf gegebenem Grund mittels Holzproduktion die höchsten Reinerträge zu erzielen.«[37] Nach dieser »Bodenreinertragslehre« schneiden Nadelbäume besser ab als Laubbäume, weil sie schneller wachsen und verkaufsfähiges Holz liefern. Ganz in Preßlers Sinn setzen sich bald großflächige Aufforstungen aus gleichaltrigen Fichten und Kiefern durch. Anders als naturnahe Mischwälder, die bis zu 300 Jahre, mindestens aber 120 Jahre, reifen müssen, lassen sich die in Reih und Glied gepflanzten gleichaltrigen Nadelhölzer schon nach 70 Jahren zu Geld machen. Diese naturwidrigen »Altersklassenwälder«, die in großen Kahlschlägen geerntet werden, prägen bis heute das Landschaftsbild in Deutschland.

Die kurze, aber effektive Jagd der Bauern zwischen 1848 und 1850 hat den Rotwildbestand in Ortsnähe stark reduziert. Deshalb müssen sich die jagenden Förster und auch viele besser gestellte Bürgerliche mit den Rehen begnügen, die man zusammen mit Feldhasen, Enten, Fasanen, Reb- und Birkhühnern zum »Niederwild« zählt, während die Hirsche mit ihrem weitaus prestigeträchtigeren Geweih ebenso wie Auerhühner, See- und Steinadler als »Hochwild« gelten. Diese willkürliche Einteilung in Hoch- und Niederwild hat sich bis heute gehalten. Zwar schätzen die Bauern das Reh als Fleischlieferanten, doch bei der höfischen Jagd spielt es nur eine untergeordnete Rolle und wird zusammen mit dem anderen Niederwild auf »Treibjagden« zur Strecke gebracht. Die neuen »weidgerechten Jäger« betrachten diese allerdings mit Geringschätzung. Damit sie dennoch ohne Schmach die als zweitklassig eingestuften Rehe jagen können, versuchen sie um das Jahr 1870, diese Wildart aufzuwerten. Wie das gelingt, beschreibt der spätere bayerische Landwirtschaftsminister Alois Schlögl folgendermaßen: »Erst mit der bürgerlichen Jagd wurde das […] Rehwild […] oder besser gesagt der Rehbock zur begehrtesten Beute der meisten Jäger, zum ›Hirsch des kleinen Mannes‹.«[38]

Man müsste diese »Beförderung« des Rehbocks belächeln, hätte sie nicht derart weitreichende Konsequenzen gehabt: Denn fortan werden Rehe eben wirklich wie »kleine Hirsche« behandelt und auch so bejagt – obwohl die Überlebensstrategien dieser beiden Wiederkäuer kaum gegensätzlicher sein könnten: Rehe verstecken sich im Dickicht vor ihrem Hauptfeind, dem Luchs, während Rothirsche als Langläufer im Offenland dem Wolf zu entkommen suchen. Folglich sieht man in einem Revier zu jedem gegebenen Zeitpunkt nur einen kleinen Teil der tatsächlich vorhandenen Rehe, weil sie sich als »Meister im Verstecken« den menschlichen Blicken entziehen. Dennoch verfallen die damaligen Förster dem – teils bis heute fortbestehenden – Irrglauben, der Rehbestand in ihren Revieren sei gefährlich niedrig. Um das vermeintliche Problem zu lösen, füttern sie die Tiere oft bis weit ins Frühjahr hinein. Zudem glaubt man, die Qualität der Trophäen durch den Abschuss von Rehböcken mit weniger guten Gehörnen, die als »schlechte Vererber« angesehen werden, verbessern zu können. So wird die Jagd auf Rehe vielerorts zu einer Art Kult erhoben, dessen Rituale und Gepflogenheiten samt der speziellen Fachsprache nur einer elitären Gruppe von Eingeweihten vorbehalten sein soll.

Das führt dazu, dass größere Teile der bürgerlichen Schichten Gefallen an diesem exklusiven »königlichen Vergnügen« finden. Vielfach wird es Mode, die eigene soziale Stellung durch die Anpachtung oder gar den Kauf eines Jagdreviers zu dokumentieren und damit sein Ansehen und seine Kreditwürdigkeit unter Beweis zu stellen. Zu dieser Zeit schießt eine Vielzahl von Jagdzeitschriften aus dem Boden. Anfangs berichtet man darin noch unverblümt über Wildschäden. So heißt es im *Deutschen Jäger* aus dem Jahr 1879: »Vor Allem aber das Verbeißen der jungen Schläge [...] gibt leider eine ziemlich bedeutende Beeinträchtigung unserer Waldungen durch Roth- und Rehwild. Es kann dieselbe so weit gehen, daß einzelne Holzarten, deren Einmischung in die Bestände aus waldbaulichen Rücksichten höchst wünschenswert wäre, oft geradezu nicht angezogen werden können. Es gilt dies vor Allem von der Tanne.« Nur wenige Zeit später setzen sich die Anhänger des Jagdvergnügens allerdings gegen die Verfechter des naturgerechten Waldbaus durch, sodass ihr Anliegen nach und nach in den Hintergrund rückt.

Sobald die stärkeren Schäden am Jungwald nicht mehr von der Hand zu weisen sind, beginnt die Suche nach Ausreden. So findet sich schon 1879 in einer Jagdzeitschrift eine Karikatur, in der das Rotwild durch einen Eisenbahnzug im Wald gestört und durch diesen Stressfaktor zum Verbeißen der Bäumchen verleitet wird. Besonders lange hält sich eine Ausrede für die vielen naturwidrigen und störanfälligen Fichten-Reinbestände im Gebiet der früheren Hofjagdreviere des bayerischen Hochgebirges: Bis in unsere Tage wird noch die Auffassung vertreten, dass die früheren »Salinen-Kahlschläge« die Hauptursache für die Entstehung der Fichten-Reinbestände seien. Wie bereits beschrieben (siehe S. 56), handelte es sich dabei jedoch nicht um Kahlschläge, sondern um »ungleiche Schirmhiebe«. Durch sie konnten selbst nach jahrzehntelanger Bewirtschaftung und mehrmaligen Hieben bei dem damals noch ausgewogenen Verhältnis von Pflanzenfressern und Beutegreifern über »Sukzessionsstadien«, also die natürliche Abfolge der Pflanzenentwicklung, immer wieder naturnahe Bergmischwälder entstehen. Das ist keine Spekulation: Diese weit über 100 Jahre alten Wälder sind noch heute zu bewundern.

Als in den späteren Hofjagdgebieten das Gleichgewicht durch die Ausrottung der großen Beutegreifer und die massive Hege der Pflanzenfresser gestört wird, nimmt der Verbiss etlicher Pflanzenarten stark zu. Deshalb vermag sich vielfach nur noch die Fichte mit ihren harten, stacheligen Nadeln durchzusetzen – zielwidrige Fichten-Reinbestände sind die Folge. Weil diese klar belegbaren Zusammenhänge aber öffentlich nicht bekannt werden sollen, erfindet man das Märchen von den »Salinen-Kahlschlägen« und tischt es den nicht fachkundigen Waldbesuchern bis heute auf.

Um die Auswirkungen der unnatürlich hohen Bestände an Rot-, Reh- und lokal Gamswild zu verschleiern, hat sich auch in vielen anderen Wäldern eine »Nachhaltigkeit der Ausreden« entwickelt. In deren Mittelpunkt steht der auf Erholung bedachte Waldbesucher, der angeblich dafür verantwortlich sei, dass das Wild bei der Nahrungssuche gestört wird – und deshalb die jungen Bäume verbeißt. Weiterhin trage er daran schuld, dass die Jäger von ihren Hochsitzen aus nur wenig Wild sehen und darum den vorgeschriebenen Abschuss nicht erfüllen können. Mitte der 1970er Jahre sollte eine Studie in Mittelfranken Aufschluss über das Verhalten von Wildtieren nach Störungen durch den Menschen geben. Dafür untersuchte man unterschiedliche Jagdreviere mit und ohne Bejagung, mit und ohne Waldbesucher sowie mit und ohne ganzjährige Fütterung durch Wildäcker oder Kraft- und Grünfutter. Die Ergebnisse waren eindeutig: Erstens gibt es kein effektives Mittel gegen Wildschäden außer eine Reduktion des Bestandes. Zweitens fanden sich die größten Schäden durch Rehverbiss in der Nähe von Fütterungen und Wildäckern. Drittens erwiesen sich die Jäger selbst als größter Störfaktor für die Tiere. Dagegen wurden Wanderer (sofern sie keine Hunde mit sich führten) insbesondere von Rehen sehr schnell akzeptiert. Obwohl die Studie vom Bayerischen Forstministerium in Auftrag gegeben worden war, blieben ihre Ergebnisse unveröffentlicht. Es liegen nur schriftliche Aufzeichnungen von Mitarbeitern vor, die maßgeblich an den Untersuchungen mitgewirkt hatten.[39] Offenbar ist es den großen Jagdschutzverbänden gelungen, die für sie unbequemen Wahrheiten unter Verschluss zu halten. Statt sie endlich zur Kenntnis zu nehmen, lastet man den Wildverbiss bis heute harmlosen Waldbesuchern an.

Die Natur schlägt zurück

1880 bis 1945

Die neuen Kunstwälder, die man zu Beginn des 19. Jahrhunderts gemäß der »Bodenreinertragslehre« anlegt, prägen zusehends die deutsche Landschaft. Immer mehr Blößen werden nun aufgeforstet und viele der ehemals übernutzten, lückigen Wälder verdichten sich wieder. Die neuen Nadelwälder produzieren größere Mengen an Holz als in den Jahrhunderten zuvor und bringen ihren Besitzern hohe Erträge ein.

Doch bald zeigt sich die Kehrseite der »fortschrittlichen« Anbau- und Erntemethoden. Die Monokulturen aus gleich alten Fichten oder Kiefern werden schon wenige Jahrzehnte nach ihrer Pflanzung von verheerenden »Natur«-Katastrophen heimgesucht – die freilich menschengemacht sind: Allein in Bayern fallen im November und Dezember 1868 rund 12,5 Millionen Festmeter Nadelholz heftigen Stürmen zum Opfer, kaum zwei Jahre darauf folgen weitere 10,5 Millionen. Außerdem müssen zwischen 1888 und 1896 etwa 1,5 Millionen Festmeter wegen gravierender Fraßschäden durch Insekten, die sich in den naturwidrigen Monokulturen extrem stark vermehren, vorzeitig gefällt werden.[40] Auch im nordwestdeutschen Tiefland, wo man von Beginn des 19. Jahrhunderts bis zum Ersten Weltkrieg einige Hunderttausend Hektar Heide mit Kiefern aufgeforstet hatte, vernichten im Jahr 1972 erst ein Orkan und daraufhin mehrere Insekten-Kalamitäten massive Teile des Bestands. Die Reihe lässt sich fortführen bis in die Gegenwart.

Karl Gayer, ab 1855 Professor für Forstwissenschaft an der Zentralforstlehranstalt in Aschaffenburg und ab 1878 Ordinarius an der Universität München, erkennt die wahre Ursache dieser vormals seltenen »Heimsuchungen, Gefahren und Krankheiten«. In seinem Werk *Der Waldbau* aus dem Jahr 1880 urteilt er über die Nadelholz-Kunstforsten: »Ihr innerer Zustand hat sich vielfach nachtheilig verändert; wir haben zahlreiche Waldbestockungen (sehen aus wie Wald, sind's aber nicht), welchen nicht mehr […] die Kraft innewohnt, jene segensreichen Einflüsse zu gewähren; von Jahr zu Jahr wächst die Zahl jener Gelände, für welche der Wald seinen kulturbeschützenden Dienst zu versagen beginnt.«[41] Im ausschließlichen Anpflanzen von Fichten und Kiefern sieht Gayer einen »bedenklichen Eingriff in die natürliche Ordnung der Dinge«[42] und benennt auch die Gründe für den unheilvollen Trend: »Es steht wohl die Naturverjüngung in manchem Wuchsbezirke noch in ihrem unbestrittenen Rechte […], aber die weitaus größere Hälfte unserer jährlichen Hiebsfläche ist heute eine unbestrittene Domäne des Kahlschlagbetriebes geworden. […] Das tabula-rasa-Machen stellt an die Geschicklichkeit der Arbeiter keine großen Anforderungen, und die wirthschaftliche Controlle beschränkt sich auf eine richtige Durchführung der Ausformung und Sortirung des Hiebsergebnisses, da der Hieb selbst keinerlei Beziehung zum Verjüngungsprozesse hat.«[43]

Folgerichtig fordert Gayer die deutsche Forstwirtschaft auf, sie müsse »ein gutes Stück rückwärts bremsen, bis dahin, wo wir wieder mit der Natur und ihren erprobten Produktionsgesetzen Fühlung bekommen«.[44] Er selbst sieht seinen Lehrmeister im Urwald, der »ungestört durch die unverständigen räuberischen Eingriffe der Menschenhand zu einem Maße der Vollkommenheit [erstarkte], das heutzutage nur ausnahmsweise, im großen Ganzen als nicht mehr erreichbar betrachtet werden muß«.[45] Den Humus erkennt er als »das wichtigste Agens und das wahre Kleinod der Waldvegetation« und beschreibt als wichtigstes Ziel die Rückkehr zum Mischwald: »Zu keiner Zeit ist uns der hohe wirtschaftliche Wert des Mischwuchses so überzeugend und eindringlich vor Augen geführt worden als in den letzten Decennien und in der Gegenwart, denn unsere ausgedehnten reinen Bestände haben in dieser Zeit so schwere beklagenswerte Schicksale erlitten, daß eine entschiedene Rückkehr zur vormaligen Mischverfassung unserer Wälder erfolgen muß, wenn eine gesicherte Wirtschaft für die Zukunft nicht in Frage gestellt bleiben soll.«[46] Gayer weist schon damals auf die unterschiedlichen

Wo um 1820 ein Mischwald aus Laubbäumen und Tannen wuchs, stehen im Jahr 1973, zum Zeitpunkt dieser Aufnahme, nur noch gleichaltrige Fichten. Man hatte sie hier 40 Jahre zuvor angepflanzt, als Nachfolgegeneration eines ebenso tristen reinen Fichtenforstes, der im Alter von 90 Jahren durch Kahlschlag abgeholzt worden war. Unter dem Druck hoher Wilddichten kommen hier nur wenige Waldkräuter auf; die aus eingeflogenen Sämlingen ausgekeimten Laubbäume werden sofort vom Wild abgefressen, ebenso die sonst verschmähten Fichtentriebe. Die Hirsche schälen aus Hunger selbst die Rinde der Nadelbäume ab (Bild: Georg Meister).

Aufgaben des Waldes für das Gemeinwohl hin, die man erst ein Jahrhundert später als »Waldfunktionen« beschreiben und kartieren wird. Schließlich beklagt er auch die Schäden durch die in vielen Hofjagden und Staatswaldrevieren stark angestiegenen Wildbestände: »Das Wild, namentlich das Rehwild, verunstaltet die junge Tannenpflanze durch Verbeißen allerdings in sehr erheblichem Maße.«[47] Seine klare und nüchterne Diagnose ist heute nicht weniger gültig als damals und die damit verbundene Mahnung zur Umkehr aktueller denn je.

Zunächst schließen sich viele Forstakademiker den weitsichtigen Vorschlägen Gayers an und wollen künftig wieder naturnah gemischte Wälder aufbauen. Doch das Gros der Förster hält an Altersklassenwäldern und ihrer Ernte durch Kahlschlag fest. Dabei beschränkt man sich bald nicht mehr darauf, nur Blößen und stark gelichtete Waldflächen mit Nadelbäumen aufzuforsten, sondern versucht auch, intakte Mischwälder »umzubauen«. So werden die bis 1820 noch reinen Laubwälder im Spessart und in der Rhön, im Hessischen Bergland und in der Pfalz, im Taunus und in der Eifel eine Generation später durch zwar ertragreiche, aber für Schäden anfällige Nadelforste ersetzt.[48] Neben der bequemen Holzernte fördern diese im Kahlschlag geernteten Baumplantagen auch die »weidgerechte Hegejagd« – und bekommen daher von der Jagdprominenz mächtige Unterstützung. Denn die dichten, dunklen Nadelforste bieten dem sich zunehmend vermehrenden Wild gute Versteckmöglichkeiten. Zwar finden sie in diesen nur wenig Äsung, doch dafür können sie nun zum Fressen auf die lichten Kahlschlagflächen wechseln, wo eine vielfältige Resilienzvegetation aus nahrhaften Gräsern und Kräutern für sie bereitsteht (siehe S. 33 ff.). Dort lassen sich die Tiere vom Hochsitz aus besonders leicht beobachten und schießen. Angesichts dieser Vorzüge von Kunstforsten kommt der Jagdschriftsteller Friedrich von Gagern geradezu ins Schwärmen: »Kahlschläge mit nachfolgendem Fruchtbau konzentrieren die Arbeit und Unruhe, konzentrieren aber auch das Wild, und beides in Wechselwirkung hat sein Gutes. Die Kahlhiebwirtschaft schreitet sauber und eindeutig durch den Wald und hinterläßt nach getanem Werk die Stille neuen Wachstums.«[49]

Während die Jägerschaft von den Kunstforsten profitiert, gestaltet sich ihr Rückbau zu naturnahen Mischwäldern immer schwieriger. Es ist dies ein rechter Teufelskreis: Sobald die Rehe und Hirsche die Kahlschlagflächen leergefressen haben, stillen sie ihren Hunger mit den Blättern von Eiche, Ahorn, Linde und Buche sowie mit den weichen Nadeln der Weißtanne – sodass schließlich nur noch Fichten und Kiefern hochkommen. So treibt die Allianz aus ertragsorientierten Förstern und politisch einflussreichen Jägern die Verarmung unserer Wälder voran, die ihre zahlreichen Aufgaben für das Gemeinwohl – als Wasserreservoir, Erholungsgebiet und Refugium für bedrohte Tier- und Pflanzenarten – folglich immer weniger erfüllen können. Diese fatale Entwicklung setzt sich vielerorts und entgegen allen Bekenntnissen zu naturnahen Mischwäldern bis zum heutigen Tag fort.

Oberster Schirmherr der »weidmännischen Hegejagd« ist Kaiser Wilhelm II. Der leidenschaftliche Trophäenjäger hat bis zu seinem 40. Lebensjahr schon an die tausend Hirsche erlegt; jetzt lässt er Trophäenschauen ausrichten, auf denen für die stärksten Geweihe ein »Kaiserbecher« winkt. Unter den Förstern finden sich ebenfalls einflussreiche Verfechter einer auf die Jagd ausgerichteten Nutzung der Wälder, da ihnen eine solche Einstellung sowohl bei ihren Vorgesetzten als auch beim Bürgertum hohes Ansehen beschert. Ein Musterbeispiel für einen »Jagdförster« ist der Direktor der Centralforstlehranstalt für das Königreich Bayern in Aschaffenburg, Hermann von Fürst, der seine Ansichten in folgenden Zeilen zum Ausdruck bringt: »Die Zahl des Rehwildes war, alten Jagdrechnungen nach zu schließen, viel geringer als jetzt. Mit dem Abnehmen des Raubzeuges der Wölfe, Luchse, Füchse nahm seine Zahl zu und vor dem für die Jagd so ungünstigen Jahr 1848 gab es in vielen Orten in Deutschland (namentlich auch in Bayern) ganz herrliche Rehwildbestände, die freilich in jenem Jahr 1848 vielfach ganz verschwanden. In den letzten Jahrzehnten haben sich dieselben unter guter Pflege wieder allenthalben gehoben und wir dürfen wohl hoffen, daß dieses schöne Wild auch fernerhin unseren Jagden erhalten bleiben wird.«[50]

Nach dieser Sichtweise gibt es in der Natur zwei Klassen von Tieren: Beutegreifer wie Wolf, Luchs, Dachs, Fuchs und Habicht, aber auch Eichelhäher und Rabenkrähe sind »Schädlinge« und »Raubzeug«, die den Jägern das Wild »rauben« und die es unerbittlich zu verfolgen gilt. Dagegen werden Rot-, Reh-, Dam-, Muffel- und Gamswild als »Nutzwild« fast wie frei laufende Haustiere »gehegt«. Dieses verquere Gedankengut gibt von Fürst während seiner 32-jährigen Lehrtätigkeit an rund 1500 Forstschüler weiter, die das Gelernte später in ihren Revieren und in der praktischen Forstwirtschaft umsetzen sollen. Selbst aus dem Ruhestand meldet er sich noch zu Wort; so wettert er 1916 in dem – von ihm selbst herausgegebenen – *Forstwissenschaftlichen Centralblatt* gegen den Abschuss von Rehgeißen, um der hungernden Bevölkerung im Ersten Weltkrieg etwas Fleisch zu liefern: »Man muß es beklagen, daß […] die hessische Regierung aber gar die Hegezeit im Herbst für weibliches Rehwild […] vom 30. September ab für den Rest des Kalenderjahres aufgehoben hat.«[51]

Während die Wildbestände infolge der Hege beständig anwachsen, versucht man parallel, die Wälder noch schneller zu Holz zu machen. Bezeichnend für das Bestreben vieler Großwaldbesitzer nach Gewinnmaximierung ist ein Antrag des Reichsrats Graf zu Toerring-Jettenbach im Bayerischen Landtag: Als Anhänger der Bodenreinertragslehre (siehe S. 69) fordert er im Februar 1908, die Altholzvorräte im Staatswald verstärkt zu nutzen und damit die Staatseinnahmen jährlich um rund 20 Millionen D-Mark zu mehren. Nach eingehender Prüfung und Diskussion wird sein Gesuch 1914 zwar abgelehnt. Doch bald darauf gelingt den Großwaldbesitzern ein anderer profitabler Coup: Nachdem im Januar 1919 wieder einmal ein Orkan über Oberbayern gefegt ist und 750 000 Festmeter Holz geworfen hat, erreichen sie, dass man solche Kalamitäten zu »höherer Gewalt« erklärt – und fortan für »Holznutzungen infolge höherer Gewalt« erheblich weniger Einkommensteuer anfällt.[52] Diese Regelung bewirkt, dass kein Waldbesitzer, Förster oder Jäger für den schlechten Zustand des Waldes verantwortlich gemacht werden kann und fortan der Staat sämtliche negativen Auswirkungen von Nadelbaum-Reinbeständen weitgehend kompensiert. Damit besteht für die Waldbesitzer keine Veranlassung, ihre forstliche Praxis zu ändern, und sie pflanzen – den schlechten Erfahrungen zum Trotz – weiterhin naturwidrige Forste. Auch die Förster tragen dazu bei, Fehlentwicklungen zu verschleiern. Insbesondere die Folgen der »Hegejagd« in Form von Schäden an der Waldvegetation sollen nicht an die Öffentlichkeit dringen. Dies gelingt, indem die Selbstkontrolle der Forstverwaltungen eingeführt und zum obersten Prinzip ernannt wird. Offensichtliche Mängel, die sich nicht verheimlichen lassen, schiebt man wie bereits Jahrzehnte zuvor Wanderern, Beeren- und Pilzsuchern in die Schuhe, die angeblich das Wild so stark beunruhigen, dass es die Bäume verbeißt.

Daneben gibt es immer wieder einzelne Forstmänner, die auf die wahren Zusammenhänge aufmerksam machen. Einer von ihnen lässt nach einem Sturmwurf in einem unnatürlichen Fichtenforst südöstlich von Ulm in Großbuchstaben folgende Botschaft in Stein meißeln: »In Sturmes Nacht sank des Waldes Pracht. Willst du den Wald bestimmt vernichten, so pflanze nichts als reine Fichten.« Einen Gegenentwurf zu den todgeweihten, schlagweisen Wäldern liefert der Botaniker und Forstwissenschaftler Alfred Möller, der als Professor an der Forstakademie in Eberswalde lehrt und ihr von 1906 an als Direktor vorsteht. Aufbauend auf Karl Gayers Vorstellungen entwickelt er seine Idee von der »Stetigkeit des gesunden Waldwesens«.[53] Sein Credo zur nachhaltigen Nutzung lautet: »Das Holz muss geerntet werden als Frucht des Waldes, der Wald selbst aber muss bleiben.«[54]

Daher will er einen naturnahen und zugleich ertragreichen Wald aus Bäumen jeden Alters etablieren, dem man kontinuierlich die brauchbarsten, reifen Stämme einzeln entnimmt, statt großflächige Schlaghiebe zu veranstalten. »Dauerwald« nennt er diesen Typus, der die Strukturen und Entwicklungsprozesse natürlicher Urwälder nachahmt und dennoch die Holzernte erlaubt.

Ab den 1920er Jahren finden Möllers Vorstellungen viele Anhänger, insbesondere in der erstarkenden Naturschutzbewegung. Als im Juli 1925 der 1. Deutsche Naturschutztag in München stattfindet, stehen neben den schon damals bedrohten Mooren der Wald und die Forstwirtschaft im Mittelpunkt, »in bewußter Würdigung der Tatsache, daß in vielen Gegenden unseres Vaterlandes der Wald der Landschaft das Gepräge gibt«.[55] Damals bieten etliche engagierte Naturschützer den Förstern an, sie beim Aufbau naturnaher Wälder zu unterstützen, zum Beispiel in einigen Waldschutzgebieten im Spessart. Die hochrangigen Forstbeamten lehnen jedoch brüsk ab. Sie befürchten, dass die Naturschützer ungewollte Einblicke in den Zustand des Waldes bekommen und damit die forstliche Selbstkontrolle unterlaufen könnten.

Diese Entscheidung hat schwerwiegende Folgen: Bis heute bestehen hochrangige Forstbeamte darauf, dass nur sie in der Lage seien, den Waldzustand richtig zu beurteilen, und dass Entwicklungen in Naturwäldern nicht als Vorbild für Maßnahmen im »Försterwald« taugen. Immerhin bekennt sich der langjährige Waldbaureferent im bayerischen Forstministerium, Geheimrat Karl Rebel, zum Naturschutz im Wald: »Unser Wald kann das Uniformierte nicht ertragen, vielgestaltig, arten- und formenreich soll er bleiben oder werden. Etwas von der Wildnis muß der Wirtschaftswald an sich haben, sonst stirbt seine Natur vor lauter Kultur. […] Nur die Waldwirtschaft als solche kann Schönheit, Heimat- und Naturschutz verbürgen. Was wirtschaftlich sein soll, muß vor allem naturgemäß sein.«[56] Außerdem erkennt er sowohl die Bedeutung des Waldweidenröschens als wichtigstem Vertreter der Resilienzvegetation wie auch die Gefahr großer Blößen durch die Vernichtung selbiger infolge zu hoher Rehbestände (siehe S. 34).

Von dieser Erkenntnis geleitet, fordert er naturgemäße Wirtschaftswälder, aber auch spezielle Reservate für Forschungszwecke, Volksnaturschutzparks zur Bildung und Erholung sowie einen Nationalpark nach nordamerikanischem und

Schweizer Vorbild, »wo keine Axt hallt, keine Sense klingt, kein Schuß fällt, kein Vieh weidet«.[57] Auf Rebels waldbaulichen Vorstellungen basieren seit 1982 die Grundsätze der bayerischen Staatsforstverwaltung, wenngleich sie in der Praxis bislang nur teilweise umgesetzt sind.

Mit großen Erwartungen an das Land, das mit Hans von Carlowitz, Karl Gayer und Alfred Möller die Ideen von Nachhaltigkeit und Dauerwäldern hervorgebracht hat, unternimmt der amerikanische Wildbiologe und spätere Begründer der Umweltethik Aldo Leopold im Herbst 1935 eine dreimonatige Studienreise durch Deutschland. Als Forstinspektor des Landwirtschaftsministeriums von Arizona ist er beauftragt, »die unterschiedlichen Verästelungen von Wildmanagement im Verhältnis zur Forstwirtschaft« zu erkunden. Dabei besichtigt er auch einen 1000 Hektar großen Forstbetrieb in der Oberlausitz, den sein Freund Arnold Freiherr von Vietinghoff-Riesch schon seit 1923 nach Möllers Konzept als »Dauerwald« bewirtschaftet – und ist zunächst positiv beeindruckt. Seine Diagnose der übrigen Forste Deutschlands fällt dagegen ernüchternd aus: »Wälder gibt es – endlose Weiten weit. Fichtenwipfel am Horizont, finstere Dickungen in Schluchten und auch manch Bild bekommt man von Orten, wo Kiefern in Reih und Glied den Berghang heraufmarschieren, um sich am Kamm zu treffen.«[58]

Aldo Leopold beklagt das Fehlen von »Wildheit« in der deutschen Landschaft, insbesondere in der Vogelwelt. Seine Hauptkritik richtet sich aber auf den Zustand der Böden und den Verlust der Artenvielfalt: »Der Förster wiederum erkauft sich einen unnatürlich hohen Holzzuwachs auf Kosten des Bodens und in den Wäldern hält er eine unnatürliche Dichte von Hirschen auf Kosten aller nahrhaften Kräuter und Sträucher. Die Auswirkung von zu viel Wild auf die Bodenflora verdient besondere Erwähnung, weil sie einen besonders tückischen Diebstahl an ästhetischem Reichtum bedeutet und dieser umso gefährlicher ist, als er unabsichtlich und unbemerkt vonstattengeht. Der Unterwuchs im Wald besteht aus zahlreichen Arten, manche sind schmackhaft, andere nicht. Wenn der Rehbestand eine zu hohe Dichte erreicht hat und es keine natürlichen Beutegreifer gibt, um ihn zu begrenzen, so werden die nahrhaften Pflanzen abgefressen, mit der Folge, daß die Rehe vom Förster künstlich gefüttert werden müssen, das wiederum hat zur Folge, daß der Druck im nächsten Jahr auf die nahrhaften Arten noch weiter anwächst, und so weiter, ad infinitum. Das Endergebnis ist die Ausrottung der nahrhaften Pflanzen – oder, mit anderen Worten, eine unnatürliche Eintönigkeit und Monotonie auf dem Waldboden.«[59] Auch liefert er eine Erklärung für das, in seinen Worten, *German Problem*: »Eine einfache Antwort [...] ist die Annahme, dass die Forstbeamten (die die meisten jagdlichen Privilegien besitzen) nicht gewillt sind, ihr Privatvergnügen zugunsten der Allgemeinheit zu beschneiden. Meiner Meinung nach gibt es eine viel genauere Antwort, die mir ein deutscher Förster gab. Er sagte einfach: ›Das ist eine Liebesbeziehung.‹ [...] Mit anderen Worten: Die Deutschen nehmen lieber Schäden in Kauf, als dass sie auf das Vergnügen verzichten, Wild zu besitzen und zu sehen.«[60]

Zeitgleich zu Leopolds treffender Analyse gelingt es der Jagdlobby, die »weidgerechte Hegejagd« gesetzlich zu zementieren. Denn mit Hermann Göring tritt nach der Machtübernahme der Nationalsozialisten 1933 ein forstlich ungebildeter, auf die Trophäenjagd fixierter Rassenideologe an die Spitze der deutschen Jagd- und Forstverwaltung. Bereits im Folgejahr wird er zum »Reichsforstmeister«, »Reichsjägermeister« sowie »Obersten Beauftragten für den Naturschutz« in Personalunion ernannt und erreicht die umgehende Verabschiedung des Reichsjagdgesetzes. Da sich hohe Funktionäre, allen voran der Geschäftsführer der Deutschen Jagdkammer und spätere administrative Leiter des Reichsbundes Deutsche Jägerschaft, Ulrich Scherping, schon seit den 1920er Jahren um ein einheitliches Jagdgesetz bemüht haben,[61] entspringen dessen Inhalte nicht primär der nationalsozialistischen Ideologie. Doch durch Görings persönliches Engagement wird es mit faschistischen Glaubensbekenntnissen versehen und an die zentralisierten Strukturen des autoritär geführten Dritten Reiches angepasst. Seit ihrer Gründung 1875 beabsichtigen die Jagdschutzvereine in erster Linie, alle in ihren Augen ungeeigneten Personen wie »Bauernjäger« und »Wilderer« von der Jagdausübung fernzuhalten. Die angestrebte Zwangsmitgliedschaft der Jagdscheininhaber sowie die damit verbundene Erfassung sämtlicher Waffenbesitzer liegen jedoch auch im Interesse der Nazi-Diktatur. Und so gelingt es der kleinen, aber gut organisierten Jägerschaft, ihre Vereinsziele zur Staatsaufgabe zu machen.[62]

Tatsächlich nimmt das neue Gesetz der Jagd ihre beiden wichtigsten Aufgaben – Fleisch für die Bevölkerung zu liefern sowie das Aufwachsen gesunder

Wälder zu garantieren – und stellt stattdessen die Trophäenzucht in den Mittelpunkt: Der unbestimmte Rechtsbegriff der »Waidgerechtigkeit« – bewusst erstmals mit »ai« statt »ei« geschrieben – wird gesetzlich verankert,[63] ebenso die verpflichtende Klassifizierung von Jagdtrophäen und ihre regelmäßige Präsentation auf Trophäenschauen. Fortan sind nur noch natürliche Personen zur Pacht des Jagdausübungsrechts zugelassen – und damit etwa dörfliche Jagdvereine ausgeschlossen. Außerdem werden verpflichtende Abschusspläne für die Schalenwildarten – also für alle Paarhufer wie Wildschweine, Rehe, Hirsche, Gämsen und Steinböcke – vorgeschrieben. Dahinter steht die Vorstellung, dass es möglich sei, den Wildbestand annähernd genau zu erfassen; sonst würde man schließlich keine Listen erstellen. Dieser Irrglaube führt jedoch zwangsläufig zu einer dramatischen Vermehrung insbesondere der Rehe, die sich im Wald mitnichten zählen lassen und daher – bis heute! – in ihrem Bestand systematisch unterschätzt werden. Die Abschlusspläne sollen nicht nur die Zahl der zu erlegenden Tiere festsetzen; im Einklang mit der nationalsozialistischen Rassenideologie gilt es zudem, ihren vermeintlichen »Zuchtwert« zu beachten, der bei männlichen Tieren weitestgehend anhand ihrer Trophäe bemessen wird. Beim Rotwild versucht man durch intensive Fütterung und Einkreuzungen Exemplare mit mächtigeren Geweihen zu züchten, was teilweise sogar gelingt. Beim Rehwild bleiben diese Erfolge trotz intensiver Bemühungen hingegen aus. Immerhin wird durch das Reichsjagdgesetz dem gnadenlosen Feldzug gegen »Raubvögel« und Eulen Einhalt geboten.

Die Bewirtschaftung des Waldes soll im Dritten Reich anfangs nach der Idee des Dauerwaldes erfolgen. Man erklärt Möllers Konzept im Jahr 1934 sogar zur offiziellen Leitlinie der Forstpolitik, passt es doch gut zur »Blut-und-Boden«-Ideologie der Nazis. In einem pompösen Propagandafilm aus dem Jahr 1936 werden der »ewige Wald« und das »ewige Volk« schicksalhaft verbunden. Schon wenige Tage nach der Machtergreifung unterrichtet Adolf Hitler in einer geheimen Besprechung die Reichswehrführung von seinen militärischen Plänen, die sechs Jahre später in den Zweiten Weltkrieg münden. Für die Wälder bedeutet das, dass sie nicht nur mächtige Geweihträger bereitstellen und als Jagdkulisse herhalten, sondern gleichzeitig deutlich mehr Holz liefern müssen. Denn künftig wird man davon große Mengen benötigen, vor allem Faserholz für die Papier- und Zellstoff-

Verwitterte Lärchenpfosten erinnern an eine motorgetriebene Seilbahn, die Hermann Göring im Frühjahr 1936 an einer Steilwand im heutigen Nationalpark Berchtesgaden errichten ließ. Sie transportierte Bedarfsgüter für eine exklusive Jagdhütte, die sich der »Reichsjägermeister« für eine fünfstellige Summe Reichsmark in die kurz zuvor zum Sperr- und Naturschutzgebiet erklärte »Röth« stellen ließ. Um seiner Jagdleidenschaft nachzugehen, kaufte er – ebenfalls auf Staatskosten – dem Tierpark St. Gallen einen Steinbock und drei Geißen ab, die man aus Wildfängen im italienischen Gran Paradiso gezüchtet hatte. In Kisten gepfercht, wurden sie mit der Seilbahn hochgehievt und in ein 1500 Meter hoch gelegenes Wildgatter gesperrt. Göring ließ vier Jäger eigens zur Versorgung der Tiere abstellen: Sie mussten mit Skiern die gefährliche Steilwand überwinden und massenhaft Heu, das mit der Seilbahn hochkam, zum Gatter bringen. Acht Jahre lang wurden die kostbaren Tiere so über den Winter gebracht. Erst im Kriegswinter 1944 entschloss man sich endlich zur Öffnung des Gatters. Kaum in Freiheit, zog die durch weitere Ankäufe auf 23 Tiere angewachsene Herde auf die österreichische Seite des Hagengebirges und mischte sich unter die Steinböcke, die dort bereits zwei Jahrzehnte zuvor von der jagdbegeisterten Industriellenfamilie Krupp ausgesetzt worden waren. Heute ist die Population auf über 200 Stück angewachsen (Bild: Georg Meister).

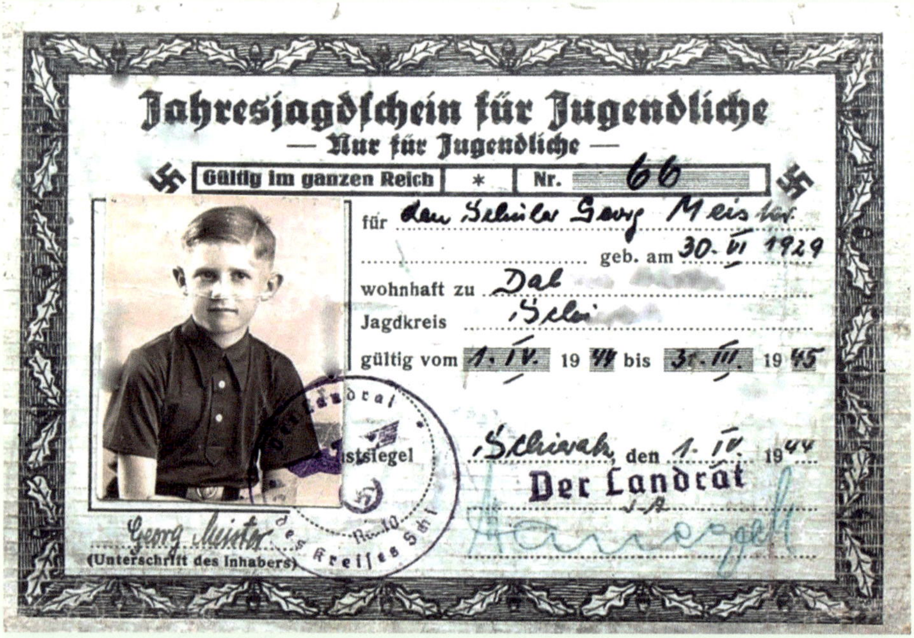

Jahresjagdschein für Jugendliche

— Nur für Jugendliche —

Gültig im ganzen Reich | * | Nr. 66

für den Schüler Georg Meister

geb. am 30. VI. 1929

wohnhaft zu

Jagdkreis

gültig vom 1. IV. 1944 bis 31. III. 1945

Dienstsiegel

den 1. IV. 1944

Der Landrat

Georg Meister

(Unterschrift des Inhabers)

Georg Meister war schon mit knapp 15 Jahren stolzer Inhaber eines »Jahresjagdscheins für Jugendliche«. Bereits in seinem ersten Jahr als Jäger erlegte er einige Rehe und sein erstes Stück Rotwild, dazu viele Hasen, einige Füchse, Kaninchen, Wiesel, Bisamratten, Enten, Rebhühner, Bekassinen, Fasanen, Elstern und Krähen. Am 14. Januar 1945 durfte er zusammen mit etlichen Offizieren an einer Treibjagd auf Hasen teilnehmen. Anfangs als »Pimpf« belächelt und für sein »Kindergewehr« verspottet, schoss der 15-Jährige besser als sämtliche Soldaten und wurde mit 14 erlegten Tieren der Schützenkönig. Von seinem Vater zum »waidgerechten« Jäger erzogen, distanzierte er sich während seines Forststudiums von der auf Trophäen fixierten Jagd und setzte sich zeitlebens für ein ökologisches Wildmanagement ein, das allen Tieren und Pflanzen des Waldes gerecht wird (Bild: Georg Meister).

industrie, Grubenholz für die Bergwerke, Furnierplatten für den Flugzeugbau und Vollholz für die Gewehre der Soldaten. Daher bestimmt ab 1935 der Staat, wie viel Holz einzuschlagen ist[64] – und lässt prompt mehr Bäume fällen, als im Wald beizeiten nachwachsen können. Dies kollidiert mit dem Kerngedanken des Dauerwaldes, sodass der dafür zuständige Generalforstmeister Walter von Keudell bereits nach zwei Jahren von seinem Amt zurücktritt.

Im Krieg werden noch mehr Waldstücke kahlgeschlagen, während gleichzeitig die Wildbestände weiter ansteigen: Denn Göring ist auf die starken Trophäenträger fixiert, deren Abschüsse streng nach Rangordnung der Jäger erfolgen. Die stärksten Hirsche schießt der »Reichsjägermeister« selbst, auch um damit bei den Trophäenschauen anzugeben; in Polen lässt er sogar einige der letzten Luchse auf Bäume treiben, um sie dort dann als vermeintlich »jagdliche Großtat« herunterzuschießen.[65] Welchen Stellenwert der jagdversessene Göring den Trophäenträgern beimisst, zeigt sich im sogenannten »Haferkrieg«: Auf dem Höhepunkt des Russlandfeldzuges im Winter 1942 beschlagnahmt er große Mengen Hafer, die eigentlich zur Herstellung von Babynahrung vorgesehen sind, um sie an Rotwild zu verfüttern.[66]

Von den selbst auferlegten Prinzipien der Trophäenjagd weicht man auch angesichts vorrückender russischer Truppen nicht ab. Am 10. Januar 1945 konnte ich das als 15-Jähriger – damals bereits stolzer Inhaber eines »Jahresjagdscheins für Jugendliche« – am eigenen Leib erfahren: Auf dem Truppenübungsplatz, auf dem mein Vater forstlicher Leiter war, tauchte an diesem Mittwoch plötzlich ein Rudel mit fünf sehr starken Hirschen auf. Vier von ihnen wurden streng nach dem Dienstrang vergeben: Den stärksten Hirsch erlegte der kommandierende General, als Nächster kam ein ranghoher SS-Offizier zum Zug, dann der militärische Chef des Truppenübungsplatzes und danach der Landforstmeister. Den letzten durfte – zwei Tage vor dem Eintreffen der russischen Panzer – schließlich mein Vater erlegen. Er musste das Geweih später in einem Pferdetreck unter Maschinengewehrfeuer bergen. Diese Trophäe war ihm das Wichtigste, das er auf der Flucht retten wollte.

Waldwende in der Warteschleife

1945 bis heute

Nach dem Zweiten Weltkrieg liegt Deutschland am Boden. Fast jede Familie hat Tote und Versehrte zu beklagen, viele Städte sind zerstört, Millionen Vertriebene strömen nach Westen. Den Menschen fehlt es an allem: an Wohnungen, Lebensmitteln, Kleidung – und an Holz zum Bauen, Kochen und Heizen. Auch die Siegermächte beanspruchen, wie schon nach dem Ersten Weltkrieg, als Teil der Reparationen große Mengen Holz. Abermals werden deshalb mehr Bäume geschlagen als nachwachsen können, und wieder geschieht dies überwiegend im Kahlschlag. Dabei hat man die Wälder schon während des Krieges weit über Gebühr beansprucht; zudem sind in den künstlich angelegten Nadelwald-Monokulturen enorme Schäden durch Borkenkäfer und Waldbrände entstanden.

Willy Wobst, damals Förster im Harz, beschreibt seine Eindrücke aus der Nachkriegszeit folgendermaßen: »Die Besatzungsmächte – zunächst Amerikaner – verfügten mit einem Waldverbot für Forstbeamte und Waldarbeiter die Einstellung sämtlicher Arbeiten im Walde. Nachdem […] schon 1944 das Schälen von im Walde lagerndem Fichtenholz untersagt [wurde] und weil Bekämpfung nun völlig unterblieb, traten die Borkenkäfer zu ungehemmter Massenvermehrung an. So fielen ihnen Hunderttausende von Festmetern zum Opfer – ein weiterer schwerer Aderlass für die schon durch den 50%igen Mehreinschlag in den 12 Jahren des ›Dritten Reiches‹ abgesunkenen Holzvorräte. Mit der Ablösung der Amerikaner durch Engländer begannen zusätzlich die sogenannten ›Reparationshiebe‹: über mehrere Jahre wurden riesige Flächen kahlgeschlagen und das Holz als Gegenleistung für erlittene Kriegsschäden nach England verfrachtet. Zunächst geschah dies ohne jede Information durch in Uniform gesteckte englische Holzhändler – sogenannte ›forest officers‹ – und von ihnen geleitete Kolonnen. Später mussten die Forstämter den Einschlag selbst vornehmen.«[67] Im Jahr 1948 ziehen die Förster in den neu eingerichteten Landesforstverwaltungen Bilanz: Sie schätzen den verbliebenen Holzvorrat auf durchschnittlich 100 Kubikmeter je Hektar – etwa halb so viel, wie es sein sollte.[68] Neben stark verlichteten Wäldern gibt es Tausende Quadratkilometer an Kahlflächen.

Doch das Ende der Nazi-Diktatur birgt die Chance für einen Neuanfang. Das Reichsjagdgesetz ist außer Kraft gesetzt und der Reichsbund Deutsche Jägerschaft als »nationalsozialistische Einrichtung« verboten worden. Etliche Waldbesitzer und Förster beginnen mit großem Engagement, die geplünderten oder gänzlich kahlen Flächen wieder zu bepflanzen. Josef Köstler, der als Leiter der Internationalen Forstzentrale in Berlin überall in Deutschland und Europa Reviere kennen gelernt hatte, wird 1946 Professor für Waldbau an der Universität München. Seine Vorlesungen geraten zu einem Fanal für den naturnahen Aufbau unserer Wälder. Er prangert die bisherige Forstwirtschaft in deutlichen Worten an und stellt fest, dass »es ein grober Irrtum war, anzunehmen, man könnte im Walde die Natur beherrschen«. In seinem 1950 erschienenen Buch mit dem eingängigen Titel *Waldbau* schreibt er: »Das Gesamtergebnis der menschlichen Einwirkungen auf die mitteleuropäischen Wälder läßt sich durch folgende Punkte charakterisieren. Fichte und Kiefer sind auf großen Flächen ausgebreitet worden, ohne dass die standörtlichen Voraussetzungen dafür gegeben sind [...] Die Laubbäume sind vielfach verschwunden oder stark zurückgedrängt. Der Wildhege wird in vielen Betrieben die an sich leicht mögliche natürliche und künstliche Verjüngung von Mischbeständen geopfert.«[69] Und weiter: »Vor allem aber ist [...] auf einen Schadenfaktor wieder hinzuweisen, der in vielen Fällen einen intensiven naturgemäßen Waldbau ausschließt oder aufs schwerste hemmt: der Wildstand. [...] Jedenfalls gehen auf das Konto überhegter Wildstände: Vernichtung der Tanne und Buche in weiten Gebieten, damit Versagen der Naturverjüngung, Anlage von gefährdeten Reinbeständen, Verschlechterung der betriebswirtschaftlichen Lage.« Und wie schon Karl Gayer sechs Jahrzehnte zuvor beschwört auch Köstler seine Studenten, die Natur zum Lehrmeister zu nehmen, und zitiert dabei Goethe: »Unsere ganze Aufmerksamkeit muß aber darauf gerichtet sein, der Natur ihr Verfahren abzulauschen, damit wir sie durch zwängende Vorschrift nicht widerspenstig machen, aber uns dagegen auch durch ihre Willkür nicht vom Zweck entfernen lassen.«[70]

Die folgenden 19 Jahrgänge an Forststudenten müssen Köstlers klare Diagnosen und Schlussfolgerungen wohl aufmerksam angehört haben, denn das Fach Waldbau wird in den Prüfungen besonders stark berücksichtigt. Viele junge Förster bemühen sich jetzt tatsächlich, wieder Mischwälder mit mehr Laubbäumen hochzubringen. Allein im bayerischen Staatswald ist fast jeder zweite Baum, der von 1952 bis 1954 neu gepflanzt oder gesät wird, ein Laubbaum,[71] und im Bayerischen Landwirtschaftsministerium erkennt man, dass in den nächsten Jahrzehnten »noch große Aufgaben im Umbau von zu stark gefährdeten Nadelreinbeständen« bevorstehen.[72] Die Förster besinnen sich auf die Idee des nachhaltig bewirtschafteten Dauerwaldes – und zwar in beiden Teilen des entzweiten Deutschlands. In der DDR beginnt man im Jahr 1951 mit der »Umstellung der Kahlschlagwirtschaft auf vorratspflegliche Waldwirtschaft«.[73]

Doch mit der Entnahme einzelner, mächtiger Bäume, wie es ein Dauerwald verlangt, lässt sich der immense Holzbedarf nicht decken – und so enden die guten Vorsätze nach nur zwei Jahrzehnten mit einem Rückfall in die verhängnisvolle Plantagenwirtschaft: 1971 führt die SED per Beschluss die »industriemäßigen Produktionsmethoden«[74] aus der Landwirtschaft auch in der Forstwirtschaft ein. Der Einschlag von Rohholz ab vier Zentimeter Stammdurchmesser soll stetig erhöht werden: von 6,2 Millionen Kubikmeter im Jahr 1966 auf knapp das Doppelte bis 1990. Dazu pflanzt man wieder Monokulturen und düngt nun sogar den Waldboden, um das Wachstum zu beschleunigen. Der Abbau und die Verbrennung von Braunkohle, welche die DDR-Wirtschaft antreibt, belasten die Wälder zusätzlich: Für den Tagebau werden Zehntausende Hektar Wald gerodet, und die Abgase der Braunkohlekraftwerke lassen allein im Erzgebirge Tausende weitere absterben.[75]

Auch in Westdeutschland herrscht zunächst Aufbruchstimmung. Unter dem Eindruck der kriegsbedingten Übernutzung der Wälder gründen ökologisch ausgerichtete Forstleute am 30. Mai 1950 die Arbeitsgemeinschaft Naturgemäße Waldwirtschaft, kurz ANW. Der Begriff ist nichts anderes als eine neue Bezeichnung für den Dauerwald und geht auf Hermann Krutsch zurück, der zusammen mit Willy Wobst und weiteren Mitstreitern bereits 1942 in Sachsen die Gründung einer Vereinigung erwogen hatte, was jedoch von der Sächsischen Staatsforstverwaltung untersagt worden war.[76] Die Mitglieder dieser nun im Westen etablierten Arbeitsgemeinschaft sehen im Wald ein ganzheitliches, dauerhaftes, vielgestaltiges, dynamisches System, das sie durch baumweise Pflege und Nutzung zum Dauerwald entwickeln wollen. Damit lösen sie eine – bis heute andauernde – Kontroverse unter ihren Fachkollegen aus. Auf Tagungen, vor allem aber durch Exkursionen in naturgemäß bewirtschaftete Beispielbetriebe, versuchen sie, diese zu überzeugen. Allein Wobst führt in den 23 Jahren bis zu seinem Ruhestand mehr als 5 000 Waldbesitzer und Forstleute aus dem In- und Ausland, darunter 425 Referendare, durch naturgemäße Wälder.[77]

Anfangs zeigen sich neben Förstern auch Beamte der Staatsforstverwaltungen aufgeschlossen gegenüber den Ideen der ANW. Doch die Kritik der Ewiggestrigen folgt auf dem Fuße: Besonders Robert Assmann, Professor für Waldwachstumskunde an der Universität München, versucht die »laienhaften« Vorstellungen der »Naturgemäßen« mit ihren »geradezu primitiven« Erntegrundsätzen als »Irrlehre« in Misskredit zu bringen:[78] Daher wird das Wirtschaften nach den Grundsätzen der Naturgemäßen Waldwirtschaft in den bayerischen Staatsforsten ab 1966 verboten[79] – trotz der offensichtlichen Erfolge, die sich in den nach ihren Prinzipien geführten Beispielbetrieben besichtigen lassen. Ähnlich negativ äußerst sich der hessische Landforstmeister Emil Roßmäßler 1958 in einem Vortrag vor dem Deutschen Forstverein: »Ebenso abzulehnen sind laienhafte Forderungen nach Umstellung der Forstwirtschaft von Nadel- auf Laubholz, von reinen auf Mischbestände. […] Die Entscheidung forstlicher Angelegenheiten steht allein den hierzu berufenen und verantwortlichen Forstwirten zu […] Derartige Anmaßungen von Laienseite klar und deutlich in aller Öffentlichkeit zurückzuweisen, erscheint bei der Erörterung des Problems Wald und Wild […] notwendig. Wollte man jedoch allein einen Umbau unseres Wirtschaftswaldes abwarten, dann würde dieses einen Abschuß in einer Höhe erfordern, daß damit der Wildstand ausgerottet würde.«[80] Und auch Hans Gussone, ab 1947 Chef der Rheinland-Pfälzischen Forst- und Jagdverwaltung, sieht seine wichtigste Aufgabe nicht darin, gesunde Wälder zu schaffen, sondern hohe Wildbestände zu »retten« und weiter auszubauen.[81]

Diese Behauptungen stehen in krassem Gegensatz zu den Fakten, wie ein Blick auf die Jagdstrecken offenbart: »Insgesamt wurden auf der Fläche des heutigen Bundesgebietes im Durchschnitt der Jahre 1936–39 rund 370 000 Stück Rehwild erlegt, [...] im Jahre 1956 rund 292 000 und im Jahre darauf 362 000 Stück Rehwild. Der – überhöhte – Vorkriegsstand dürfte also nahezu wieder erreicht sein [...].«[82] Als Konsequenz fordert der Wildbiologe Detlev Müller-Using »eine kaum auch nur örtlich, sondern auf ganzer Fläche vorzunehmende Verminderung derjenigen Schalenwildbestände, [...] die sich im Laufe der letzten hundert Jahre auf das Fünf- bis Zehnfache ihres zu Beginn des betrachteten Zeitraumes vorhandenen Bestandes vermehrt haben, und das sind vor allem Reh- und Rotwild [...]. Eine solche Verminderung, von der führenden Organisation der deutschen Jäger selbst schon als notwendig erkannt und empfohlen, liegt [...] vor allem auch im Interesse unseres Waldes und auch des Wildes selbst, das örtlich vielfach schon wegen zu hoher Bestandesdichte kümmert.«[83]

Immer wieder fordern renommierte Forstwissenschaftler eine Kehrtwende in der Jagd. So mahnt etwa Julius Speer, seit 1952 Ordinarius für Forstpolitik und Forstliche Betriebswirtschaftslehre an der Universität München und zugleich Leiter der Bayerischen Forstlichen Versuchsanstalt: »Wenn es uns nicht gelingt, eine radikale Minderung des Wildes zu erreichen, so ist unser ganzes Bemühen um die Neugründung von Mischwäldern vergeblich.«[84] Aber durch die Einflussnahme leitender Forstbeamter und führender Politiker wird der enorme Zwiespalt zwischen klar formulierten forstlichen Zielen zum Aufbau nachhaltiger Mischwälder und der unverändert hoch angesehenen Trophäenjagd erneut zugunsten letzterer entschieden. Wieder zeigt sich: Die passionierten Jäger sitzen, was die Entscheidungsgewalt angeht, am längeren Hebel und wollen sich weder ihr Jagdvergnügen noch das damit verbundene Prestige nehmen lassen.

Die untergebenen Forstleute können darin nichts Unrechtes erkennen, wie folgendes Bekenntnis zeigt: »Wer sich mit Geschichte beschäftigt, wird feststellen, daß Jagd und Politik schon immer miteinander verknüpft waren. [...] Auch die Inhaber von Jagdrevieren haben sich zu allen Zeiten von sich aus Abschußfreigaben erteilt, um sich einflußreiche Persönlichkeiten geneigt zu machen. Ich beurteile solches Vorgehen dann als legitim, wenn es dazu beiträgt, bei dem Eingeladenen die Liebe zur Natur zu fördern und Verständnis für die Probleme um Wald und Wild zu wecken. Kein guter Hirsch ist mir vor allem dann zu schade, wenn ich an eine hochgestellte Persönlichkeit die Erwartung knüpfen kann, daß sie sich mit ihren besonderen Möglichkeiten für einen Schutz der Jagd einsetzt, die ja neuerdings immer häufiger in das Kreuzfeuer oft recht unqualifizierter öffentlicher Kritik gerät. Deshalb waren wir am Forstamt bemüht, von der Verwaltung eingewiesene politische Jagdgäste auch wirklich zu Schuß zu bringen.«[85]

In der Praxis sieht das so aus: »Nach vielen Diskussionen und Überlegungen legten wir fest, den Hirsch noch für ein Jahr zu pardonieren und ihn dann dem Leiter der Niedersächsischen Landesforstverwaltung, Ministerialdirigent Eberhard Boehm, als Lebenshirsch anzubieten.«[86] Und weiter: »Als ganz besonderen Gast erwarteten wir an diesem Abend den Ministerpräsidenten des Landes Niedersachsen, Dr. Ernst Albrecht. Als erfahrener und passionierter Jäger weilt er gern im benachbarten Forstamt Winnefeld. […] Wir begrüßten den Ministerpräsidenten schon draußen vor dem Jagdhaus und erklärten ihm die dort aufgestellten, frisch erbeuteten und feierlich beleuchteten Trophäen. Es war ein besonders schöner, stimmungsvoller Augenblick, denn ringsherum schrien die Hirsche von den nächtlichen Bergen.«[87] Damit wird eine alte Tradition fortgesetzt: »Mit Ernst Albrecht bekamen wir nach langer Pause wieder einen Landesvater, […] der gern auf die Jagd ging. In der frühen Geschichte unseres nach dem Zweiten Weltkrieg entstandenen Bundeslandes waren es die Ministerpräsidenten Heinrich Wilhelm Kopf und Heinrich Hellwege gewesen, welche in den südniederländischen Wäldern auf den Brunfthirsch gepirscht hatten.«[88]

Auch in Bayern will man sicherstellen, dass genügend starke Trophäenträger für die höherrangigen Beamten bereitstehen. Deshalb gibt es dort schon in den frühen 1950er Jahren eine interne Bestimmung der Staatsforstverwaltung, der zufolge ein Forstbeamter nur jedes zweite Jahr einen Hirsch oder einen besonders starken Gamsbock der Klasse I erlegen darf. Der bayerische Berufsjäger Konrad Esterl schreibt im Rückblick: »Meinem Chef, dem Forstdirektor Thierfelder, war der Hirsch besonders ans Herz gewachsen, und so beschlossen wir, dass der Chef den Hirsch erlegen sollte.«[89] Aufgrund der hohen Zahl an leitenden Beamten in den Forstämtern und der Mittel- sowie Zentralbehörde führt die Fixierung auf starke Geweihträger und die Hege hoher Wildbestände dazu, dass die daraus resultierenden massiven Wildschäden systematisch verschwiegen oder kleingeredet werden. Zu Esterls Jagdgästen zählt auch der damalige Chef der Bayerischen Staatsforstverwaltung, Ministerialdirektor Otto Bauer,[90] dem er ebenso wie vielen weiteren Prominenten aus Forstverwaltung und Politik im Ebersberger Forst und rund um den Spitzingsee zu schönen Freizeiterlebnissen verhilft: »Wie hat sich mancher honorige Waidmann von den Sorgen des Alltags befreit gefühlt, wenn er mit mir eine meiner zahlreichen Jagdhütten betreten und dort ein paar Tage richtig Mensch sein konnte. Manches Mal kam ich mir auch wie ein Beichtvater vor, wenn die großen oder auch kleinen Jagdgäste ihre Sorgen loswerden wollten und mir von ihren Problemen und Schwierigkeiten erzählten.«[91]

Dass es bei der Jagd zuallererst um die Trophäen geht – und nicht etwa um kluges Wildmanagement zum Erhalt artenreicher Wälder –, belegen Schilderungen wie diese: »Mein Gott, wie schön kann doch eine echte Jagdkameradschaft sein! Dieser Hirsch brachte 178 Kilogramm auf die Waage und war in diesem Jahr mit 189 Punkten der beste Erntehirsch auf der Hegeschau.«[92] Und was die Trophäenjäger von Kollegen halten, die sich um den Aufbau gesunder Wälder bemühen, tritt aus folgenden Zeilen hervor: »Es ist für uns Berufsjäger manchmal deprimierend und nicht nachvollziehbar, wie manche Jäger diese wichtigen Erbträger behandeln, und ich konnte mich öfter nicht mehr beherrschen, wenn in der Wildkammer die besten Alttiere, brutal zusammengemetzelt am Wildgalgen hingen. […] die Oberforstmeister Hohenadl und Thierfelder verstanden es meisterhaft, Wald und Wild unter einen Hut zu bringen. Aus den Reihen der Forstbeamten kam einstens die Elite der Deutschen Jägerschaft, aber was sich hier heute zum Teil hereingeschlichen hat und von den forstlichen Hochschulen kommt, hat unter uns bestimmt nichts zu suchen.«[93]

Zur selben Zeit sorgt ein Kriminalprozess in Ramsau bei Berchtesgaden bundesweit für Aufsehen.[94] Der dortige Forstmeister Georg Küßwetter hatte im Mai 1946 mehrere untergebene Berufsjäger dazu angestiftet – und ihnen im Fall einer Weigerung mit Entlassung gedroht –, die fast fertiggestellte Alpenvereinshütte unterhalb des Blaueisgletschers abzubrennen und, um einen Wiederaufbau zu erschweren, anschließend die Grundmauern zu sprengen. So will er »Bergpöbel« – gemeint sind Bergsteiger und Touristen – von »seinen« Jagdgründen und insbesondere vom Gamswild fernhalten. In den Jahren darauf plant Küßwetter noch ein halbes Dutzend weitere Hütten niederbrennen zu lassen, darunter die Schapbach-Alm, da diese »inmitten einer der besten Hirschbrunftplätze des ganzen bayrischen Hochgebirges«[95] stehe. Der eigentliche Skandal liegt nicht in den Straftaten selbst, sondern darin, dass sie von sämtlichen Vorgesetzten bis hin zum Leiter der Staatsforstverwaltung gedeckt werden: Bereits im September 1949 hat nämlich der Dienststellenleiter im Regierungsforstamt von Oberbayern, Regierungsdirektor Elsner, von den ungeheuerlichen Vorfällen Kenntnis erlangt und zwei seiner Oberregierungsräte nach Ramsau geschickt, um der Sache nachzugehen. Obwohl die beteiligten Jäger sich offenbaren und die Vergehen bis ins Detail schildern, wird Stillschweigen vereinbart. Als einer der Geständigen drei Jahre später durch Kündigung »wegen Personaleinschränkung« mundtot gemacht werden soll, schickt er eine lange Liste mit den begangenen oder geplanten Straftaten seines Vorgesetzten nach München. Auch dieser Brief verschwindet in der Schublade, mit dem internen Vermerk, »die Arbeitsfreudigkeit des Herrn Küßwetter nicht zu beeinträchtigen«. Stattdessen lässt man den Jäger wissen, sein Verhalten sei »untragbar für den Betrieb des Forstamts«.[96] Die Öffentlichkeit erfährt erst im August 1952 von den Verbrechen, als es zum Prozess kommt und der selbstherrliche Forstmeister schließlich im Gefängnis landet.

Am 1. April 1953 tritt das (noch heute gültige) Bundesjagdgesetz in Kraft. Im Wesentlichen behält es die materiellen Inhalte des Reichsjagdgesetzes bei, abzüglich der rassenideologisch geprägten Passagen. Als Neuerung tritt mit Paragraph 32 jedoch eine Bestimmung hinzu, nach der Waldbesitzer nur für solche Wildschäden Ersatz fordern können, die an »Hauptholzarten« entstehen. Gemeint sind damit nicht etwa jene Bäume, die am betreffenden Standort natürlicherweise am häufigsten vorkommen, sondern jene, die dort de facto in Überzahl wachsen. Dadurch wird diese Bestimmung zu einem regelrechten »Artenverarmungsparagraphen«, der die Dominanz nicht standortgemäßer Nadelbäume zementiert, da nur sie dem vehementen Wilddruck widerstehen. Zwar kann der Verpächter im

Noch immer kann sich vielerorts in Deutschland der Wald nicht natürlich verjüngen – wie hier, wo man auf einer kahlgeschlagenen Fläche junge Wildkirschen gepflanzt hat und jede einzelne von ihnen durch holzverstärkte Plastikmanschetten gegen Wildverbiss schützen muss (Bild: Georg Meister).

Pachtvertrag selbst definieren, was er als »Hauptbaumarten« betrachtet und im Fall von Wildschäden ersetzt haben will. Aber dieser Gestaltungsspielraum bleibt meist ungenutzt, da sich die zahlreichen, zwangsweise zusammengeschlossenen Jagdgenossen in ihrer Funktion als Verpächter selten über die Pachtkonditionen einig sind. Um nicht jede junge Tanne oder Eiche mit wilddichten Zäunen schützen zu müssen, pflanzt man eben wieder nur die weniger verbissgefährdeten Fichten oder Kiefern. Diese Praxis belegt unter anderem der Jahresbericht der Bayerischen Staatsforstverwaltung aus dem Jahr 1965: Damals werden nur 16 Prozent der »Neukultur«-Fläche mit Laubbäumen bepflanzt – zwei Drittel weniger als gerade einmal elf Jahre zuvor.

Die Jagd übt also immer noch, wie schon seit Hunderten von Jahren, einen entscheidenden Einfluss auf die Beschaffenheit unserer Wälder aus. Damit einher geht eine tiefgreifende Veränderung des Waldbodens. Das zeigen Untersuchungen im nordostdeutschen Tiefland, wo die ursprünglichen Laubwaldgesellschaften in den letzten 200 Jahren auf einer Fläche von rund 1,6 Millionen Hektar durch Kiefernforste ersetzt worden sind. Die Folge: eine zunehmende Versauerung und Nährstoffverarmung durch die Nadelstreu, die das Aufwachsen einer reichhaltigen Krautschicht verhindert und Moose überproportional fördert. Entsprechend ist die »Vermoosung« auf den Waldbodenflächen von 100 000 Hektar auf mehr als 750 000 Hektar angewachsen.[97]

Wieder scheitert die drängende Aufgabe, die instabilen naturfernen Forste in resiliente, naturnahe Wälder zu verwandeln, an einflussreichen Vertretern der Trophäenjagd. Deren Interessen setzt Götz von Bülow in Bayern besonders eifrig durch: »Wir haben unersetzliche Verluste im Osten unseres Vaterlandes hinnehmen müssen, so vor allem die Rotwildvorkommen Ostpreußens, an ihrer Spitze das unvergessene Rominten mit den stärksten deutschen, ja europäischen Hirschen. […] Nach dem Zweiten Weltkrieg erfolgte wieder ein erheblicher Aderlaß, der infolge der hohen Schneelage und unzureichender Fütterung im Winter 1952 durch Herausdrücken des Wildes und wahlloses Zusammenschießen im Flachland katastrophale Ausmaße annahm. […] Als im Winter 1956/57 wieder ein großer und wertvoller Teil unseres Rotwildes infolge hoher Schneelage abzuwandern drohte, legten wir in St. Oswald über die Bezirke verteilt eine Futtersperre … die

Ein wilddichter Weiserzaun legt das »Waldsterben von unten« offen: Während in seinem Schutz kostenlos und von alleine ein artenreicher Mischwald heranwächst, kommen direkt daneben – bei gleichen Boden- und Witterungsbedingungen – nur Gräser und Fichten hoch. So verhindert eine verfehlte Form der Jagd die natürliche Verjüngung unserer Wälder (Bild: Georg Meister).

Abwanderung war damit verhindert. [...] Ich kann versichern: die hier aufgewendeten Mittel bringen eine ideelle und materielle Rendite, die sich nicht nur in höheren Wildbretgewichten und stärkeren Trophäen ausdrückt, sondern vor allem durch die Gesunderhaltung des Waldes unschätzbar wird!«[98] Später errechnet die Verwaltung des 1970 gegründeten ersten deutschen Nationalparks Bayerischer Wald für den Bereich von Bülows ehemaligem Forstamt St. Oswald Schälschäden in Höhe von mehr als zwei Millionen D-Mark – Verbiss nicht eingerechnet!

Schockiert vom Anblick dieses geschundenen Waldes und zugleich entsetzt angesichts der Herabwürdigung des Rothirsches in die Rolle eines in übergroßer Zahl herangehegten, jagdlichen Lustobjekts, dreht der bekannte Tierfilmer Horst Stern eine Dokumentation mit dem Titel *Bemerkungen über den Rothirsch*. Bei seiner Erstausstrahlung am Heiligabend 1971 konfrontiert der Film eine breite Öffentlichkeit mit den verheerenden Auswirkungen der Trophäenjagd für den Wald.

Getrieben von einem pervertierten Geweihkult zeige der »menschliche Wolf« in erster Linie am Erlegen männlicher Tiere mit mächtigen Geweihen Interesse und habe dabei die Bejagung von weiblichen Hirschen bewusst vernachlässigt – mit der Konsequenz, dass die Rotwildbestände bis auf das Zehnfache eines der Landschaft zuträglichen Ausmaßes angewachsen seien. In Sterns Worten: »Der menschliche Wolf versagt. Er ernährt sich von Kalbfleisch und jagt den Hirsch als Knochenlieferanten für die Wand überm Sofa; das Hirschgeweih als Aufhänger für Gamsbarthüte und schöne Erinnerungen.«[99] Nach der Ausstrahlung berichten Zuschauer in Leserbriefen haufenweise über Weinkrämpfe und Jagdfunktionäre, fahren wütende Attacken gegen den Intendanten des Süddeutschen Rundfunks. Die in der Sendung genannten Fakten werden aber von Forstwissenschaftlern der Universitäten Freiburg, Göttingen und München bestätigt – ebenso wie vom damaligen Bayerischen Landwirtschaftsminister Hans Eisenmann, der sich damit gegen den traditionell jagenden Ministerpräsidenten Franz Josef Strauß stellt.

Engagierte Förster nutzen die Gunst der Stunde, um den Aufbau naturnaher Wälder voranzutreiben. Karl Hasel, Professor für Forstpolitik, Forstgeschichte und Naturschutz in Göttingen, weist darauf hin, dass sich die Funktionen des Waldes wandeln: »Das überkommene Leitbild mitteleuropäischer Forstwirtschaft, das der Rohstoff- und Einkommensfunktion die ausschlaggebende Stellung einräumte, hat sich verändert. Die landespflegerischen Leistungen des Waldes zur Sicherung und Pflege natürlicher Lebensgrundlagen, seine Bedeutung für Klima, Wasserhaushalt und Wasserversorgung, für Bodenerhaltung und Bodenfruchtbarkeit und seine Eignung als Erholungsstätte der Bevölkerung, die früher als selbstverständliche Nebenwirkungen einer geordneten Waldbewirtschaftung galten, gewinnen in der Industriegesellschaft zunehmend an Wert.«[100] Damit greift er die bereits zwei Jahrzehnte zuvor von seinem Münchner Fachkollegen Viktor Dieterich geäußerten Ideen über die vielfältigen Waldfunktionen auf. Eisenmann lässt sich davon überzeugen und präsentiert der Öffentlichkeit im Dezember 1971 einen bis dahin einzigartigen Plan zur Neugestaltung der Wälder – den »Waldfunktionsplan«.[101]

Dieser beschreibt insgesamt 30 verschiedene Leistungen, die der Wald gegenüber Menschen und Umwelt erbringt, beispielsweise für den Holzertrag und den Wasserkreislauf, das Klima, den Immissions- und Lawinenschutz, die Erosionsabwehr, die Sicherheit von Straßen sowie nicht zuletzt die Erholung. Landesweit wird nun auf Karten festgehalten, welche dieser Funktionen jeweils den Vorrang vor anderen haben soll – etwa in Quellgebieten der Wassererhalt, im Gebirge der Lawinenschutz und rund um Großstädte die Erholungsfunktion. Eisenmann lässt erstmals ein Waldgesetz erarbeiten, das der Bayerische Landtag 1974 einstimmig verabschiedet. Darin werden nochmals die sozialen Funktionen der öffentlichen Wälder betont: »Der Staatswald dient dem allgemeinen Wohl in besonderem Maße. Er ist daher vorbildlich zu bewirtschaften. Die mit der Bewirtschaftung betrauten Behörden haben insbesondere standortgemäße, gesunde, leistungsfähige und stabile Wälder zu erhalten oder zu schaffen. Sie haben ferner [...] die Schutz- und Erholungsfunktionen des Waldes zu sichern und zu verbessern sowie bei allen Maßnahmen die Belange des Naturschutzes, der Landschaftspflege und der Wasserwirtschaft zu berücksichtigen.« Eisenmann prägt auch das Motto »Wald vor Wild« – das jedoch erst 2015 als verbindliche Maxime ins Bayerische Waldgesetz einfließen wird.

Leider weicht die anfängliche Euphorie über den neuen Stellenwert des Waldes und seines vielfältigen Nutzens für die Allgemeinheit – wieder einmal – der trägen Routine. Zahlreiche Forstleute reden sich ihr »Weiter so« mit der »Kielwassertheorie« schön, die 1966 vom damals schon pensionierten Landesforstpräsidenten Hubert Rupf formuliert worden ist: Diese behauptet – ohne jeglichen Beweis –, man müsse nur genug Holz erzeugen, dann würden sich die übrigen Waldfunktionen von allein einstellen. Wieder zeigt sich der Trend, dass jeder Schritt in die richtige Richtung neue Ausflüchte mit sich bringt, tunlichst alles beim Alten zu belassen.

Doch schon bald macht der Wald erneut Schlagzeilen: »Der Wald stirbt. Saurer Regen über Deutschland« lautet die Titelgeschichte des *Spiegels* vom 15. November 1981, durch die eine breite Öffentlichkeit vom »Waldsterben« erfährt.[102] Plötzlich flimmern Bilder von geschädigten Fichten mit »Lametta-Syndrom« neben Tannen mit krankhafter »Storchennest-Krone« über die Fernsehbildschirme. Ähnliche Krankheiten sind bei fast allen Nadel- und Laubbäumen zu beobachten, und zwar in ganz Mitteleuropa. Doch nirgends debattiert man *le waldsterben* – das sogar Einzug in die französische Sprache hält – emotionaler als hierzulande. Bezeichnenderweise ist dabei nicht von »kranken Bäumen« die Rede, sondern vom

»sterbenden Wald«, der damit in seiner Gesamtheit wahrgenommen wird – ganz im Sinne des Dauerwald-Pioniers Alfred Möller, der das »Waldwesen« als einen einzigen großen Organismus betrachtet.

Die öffentlich geführte Umweltdebatte befördert den Aufstieg der jungen Partei Bündnis 90/Die Grünen, die im September 1983 in Hessen erstmals in einen Landtag einzieht. Unter dem kurz zuvor zum neuen Kanzler gewählten Helmut Kohl beschließt der Bundestag effektive Maßnahmen zur Luftreinhaltung wie verpflichtende Rauchgasentschwefelungsanlagen in Kraftwerken. Und als nach der Wiedervereinigung viele ostdeutsche Braunkohlekraftwerke abgeschaltet werden, fallen die jährlichen Schwefeldioxid-Emissionen in Deutschland von rund 7,5 Millionen Tonnen in den frühen 1980er Jahren auf rund 0,5 Millionen Tonnen.[103]

Ab 1984 wird der Waldzustand jedes Jahr bundesweit systematisch und nach einem einheitlichen Verfahren erfasst. Diese »Waldschadenserhebungen« zeigen, dass die Zahl der betroffenen Bäume bis 1991 stetig zunimmt: Damals weisen 30 Prozent der Stichproben deutliche, 38 Prozent leichte und gerade einmal 32 Prozent keine erkennbaren Schäden auf. Nicht nur diese jährlichen Erhebungen lässt sich die Bundesrepublik eine Menge Geld kosten: Allein zwischen 1982 und 1992 werden rund 850 Vorhaben zur Waldökosystemforschung mit insgesamt 465 Millionen D-Mark gefördert.[104]

Die breit geführten Diskussionen um das »Waldsterben von oben« wecken allmählich auch ein öffentliches Bewusstsein für das »Waldsterben von unten« durch überhöhte Reh- und Hirschbestände, die eine natürliche Verjüngung des Waldes verhindern. Das kompromisslose Beharren der Jagdfunktionäre auf den Privilegien der »waidgerechten Hegejagd« veranlasst eine Gruppe andersdenkender Jäger zur Gründung des Ökologischen Jagdvereins, kurz ÖJV. Zur Abgrenzung von den herkömmlichen »Jagdschutzvereinen« – diese werden erst Jahrzehnte später in »Jagdvereine« umbenannt – heißt es: »Die Begriffe ›Hege‹ und ›Waidgerechtigkeit‹ sind tief in einem traditionellen Jagdverständnis verwurzelt, das die Jagd als Selbstzweck ansieht. Diese Begriffe sind deshalb mit dem Jagdverständnis des ÖJV unvereinbar.« Zum Leitbild wird stattdessen eine Jagd erklärt, »die von der Achtung gegenüber den Wildtieren einerseits sowie dem Respekt vor den Belangen des Grundeigentums und der Gesellschaft andererseits getragen ist«. Diese solle sich

Diese Esche ist trotz ihres Alters von 15 Jahren erst knapp einen Meter groß, weil sie mehrfach stark verbissen wurde. Nach den Richtlinien für die Verbissinventuren wird sie als »nicht am Leittrieb verbissen« eingestuft. Daher ist ihr Zustand bei der forstlichen Beurteilung nicht von Bedeutung, und die Forstämter empfehlen selbst bei einer großen Anzahl ähnlich geschädigter Laubbäume und Tannen keinen höheren Abschuss des Schalenwilds. Dem Waldbesitzer ersetzt man den Wertverlust eines derart verstümmelten Exemplars in der Regel nicht, weil Eschen nur in wenigen Revieren als »Hauptbaumart« gelten. Und selbst wenn sie als solche im Jagdpachtvertrag aufgeführt werden, kommt ihr Besitzer nicht auf seine Kosten. Zum einen deckt die Schadensvergütung nur einen Bruchteil des Fehlbetrags zwischen den verkrüppelten Eschen und unverbissenen Jungbäumen gleichen Alters. Zum anderen muss der Waldbesitzer einen Großteil der für die Wildschadensschätzung und den Verwaltungsaufwand der Gemeinde anfallenden Kosten selbst tragen. Da diese Kosten in der Regel höher sind als die Schadensvergütung, zahlen die Waldbesitzer drauf, wenn sie den Wildschaden anmelden. Daher resignieren viele der Geschädigten und finden sich damit ab, dass sie de facto keinen Einfluss darauf haben, was in ihren Wäldern aufwachsen kann (Bild: Georg Meister).

dem Ziel unterordnen, »naturnahe Lebensräume, insbesondere standorttypische Waldgesellschaften mit einer vielfältigen autochthonen Pflanzen- und Tierwelt« zu schaffen, zu erhalten und zu fördern. Tatsächlich sind Deutschlands Wälder von der standorttypischen Vielfalt an Pflanzen weit entfernt, wie die Bundeswaldinventur des Jahres 1986 zeigt: In den alten Bundesländern überwiegt immer noch der schlagweise Hochwald aus gleich alten Bäumen; bei nahezu zwei Dritteln handelt es sich um von Fichten dominierte Nadelforste, bei gut 40 Prozent sogar um reine Nadelforste ohne jede Laubbeimischung. Unsere beiden wichtigsten Laubbäume sind mit einem Anteil von durchschnittlich nur 17 Prozent im Falle der Buche und zehn Prozent im Falle der Eiche weit zurückgedrängt; ihre jüngsten, bis 20-jährigen Bestände sogar auf acht respektive fünf Prozent. In den neuen Bundesländern sieht es noch schlechter aus: Dort machen Nadelforste ganze drei Viertel der Wälder aus, über die Hälfte der Fläche ist von Kiefern bestanden, und die Buche kommt nur auf sieben Prozent aller Bäume.[105]

Die Instabilität dieser naturwidrigen Nadelforste zeigt sich im Frühjahr 1990, als in kurzer Folge zwei Orkane, »Vivian« und »Wiebke«, über Deutschland hinwegziehen. Während nur etwa ein Prozent der Laubbäume den Stürmen zum Opfer fällt, trifft es ein Mehrfaches an Fichten. Etwa 72 Millionen Kubikmeter Sturmwurfholz müssen aufgearbeitet werden, davon rund 70 Millionen in den westlichen Bundesländern. Am stärksten betroffen ist das Saarland; dort fällt in wenigen Tagen 5,5-mal so viel Holz an, wie normalerweise in einem Jahr für den Einschlag vorgesehen ist. In Rheinland-Pfalz sind es 3,9-mal so viel, in Hessen 3,7-mal, in Bayern 2,6-mal und in Baden-Württemberg 1,8-mal so viel.[106] In seinem Zentrum wirft der Orkan alle Baumarten, auch die wegen ihrer tiefreichenden Wurzeln stabilen Eichen und Tannen (siehe S. 25 f.). Dennoch trifft es in Summe deutlich mehr Nadel- als Laubbäume, wie später eine gründliche Analyse im bayerischen Staatswald ergibt: Dort fielen – bezogen auf die gesamte stehende Holzmenge der jeweiligen Baumarten – 4,5-mal so viele Fichten wie Tannen oder Buchen dem Sturm zum Opfer.

Unter dem Eindruck dieser verheerenden Schäden mahnen die Verfechter einer naturgemäßen Waldwirtschaft erneut zu einer Umkehr in der Forst- und Jagdpolitik. Der Münchner Waldbauprofessor Peter Burschel bringt es auf den Punkt: Nicht der Wald sei gescheitert, sondern der Mensch mit seinen Vorstellungen vom Gewinn in einem künstlichen Wald. Leitende Staatsforstbeamte weisen diese treffende Analyse jedoch vehement von sich. Adolf Zerle, zuständiger Abteilungsleiter für Forstpolitik der bayerischen Staatsforstverwaltung, behauptet beispielsweise, der Sturm habe naturnah gepflegte Mischwälder genauso umgeworfen wie Fichtenreinbestände.[107] Und der Leiter der Staatsforstverwaltung, Otto Bauer, will

Der Fichtenborkenkäfer wird auch »Buchdrucker« genannt, weil seine Fraßgänge den Zeilen eines Schriftstücks ähneln. In reinen Fichtenforsten können die Insekten massenhaft auftreten und ganze Bestände zum Absterben bringen. Ihre Vermehrung ist temperaturabhängig: Bei einer durchschnittlichen Tagestemperatur von 19 Grad Celsius dauert ihre gesamte Entwicklung vom Ei bis zum fortpflanzungsfähigen Käfer rund 50 Tage, bei 24 Grad Celsius dagegen nur 35 Tage. So können aus anfänglich 200 Buchdruckerweibchen in gerade einmal drei Generationen rund 3,2 Millionen Käfer werden. Angesichts zunehmend heißer Sommer nehmen die Insektenkalamitäten in weiten Teilen Deutschlands zu und führen zum Zusammenbrechen der auf den meisten Standorten ohnehin naturwidrigen Fichtenbestände (Bild: Georg Meister).

unterbinden, dass »die Presse die irrige Meinung verbreitet, daß die Sturmschäden 1990 durch die einstige Gründung reiner Nadelwälder von der Forstwirtschaft ›hausgemacht‹ wurden. Es muß vielmehr zum Ausdruck kommen, daß dieses Ereignis ein Jahrhundertschaden war, dem selbst stabile Alteichen zum Opfer fielen.«[108] Durch diese Anordnung – in den Medien als »Maulkorb« bezeichnet – soll jede Diskussion über die wahren Ursachen der Sturmschäden vermieden werden. Ähnlich argumentiert der Leiter der rheinland-pfälzischen Staatsforstverwaltung Ernst Schneider in einem Fachbeitrag: »Es zeugt schon von einem hohen Maß an fachlicher Ignoranz (oder an Ideologie), wenn versucht wird, den waldbaulichen Maßnahmen und Planungen der letzten 150 Jahre die Schuld an der gegenwärtigen Katastrophe zuzuweisen.«[109] Solche Aussagen bezeugen den Starrsinn, mit dem man die Möglichkeit einer ehrlichen Selbstkritik zurückweist. Wieder wird eine Chance vertan, die forstlich-jagdlichen Fehler der Vergangenheit aufzuarbeiten und aus ihnen zu lernen.

Zwar bemühen sich viele Forstämter, bei der Wiederaufforstung der Sturmwurfflächen wesentlich mehr Laubbäume zu pflanzen als bisher. Trotzdem kommt es zu keiner entscheidenden Wende, da die jagdlichen Privilegien – insbesondere der leitenden Forstbeamten – bestehen bleiben: 1991 moniert der Hessische Rechnungshof, dass die Forstverwaltungen ihre Wildbestände nach Kräften zu vertuschen versuchen und deshalb katastrophale Verbiss- und Schälschäden im Wald zu verantworten haben; außerdem, dass vor allem bei der Hochwildjagd auf Rothirsche ein unverhältnismäßig hoher Anteil an Beamten des höheren Dienstes der Forstverwaltung sowie anderer Ministerien und Landesdienststellen Trophäenträger erlegen. Tatsächlich werden die durch Schalenwild bedingten Schäden bereits Ende der 1970er Jahre für die alte Bundesrepublik auf 100 Millionen US-Dollar geschätzt – pro Jahr! Allein in Bayern baut man 1991 zum Schutz der Forstkulturen ganze 8 000 Kilometer Wildzäune, das entspricht einer Strecke von München bis nach Peking.[110]

Nur zwei Jahre später deckt der Bayerische Oberste Rechnungshof ähnliche Missstände wie in Hessen auf: Er hält der Bayerischen Staatsforstverwaltung vor, seit Jahren massiv gegen das bayerische Wald- und Jagdgesetz zu verstoßen. Schon in den 1970er Jahren hat eine Anfrage im Bayerischen Landtag zutage gefördert,

Statt die Wildbestände durch effektive Jagdformen auf einem waldverträglichen Niveau zu halten, versucht man die aufwachsenden Bäume durch wilddichte Zäune vor Verbiss zu schützen. Diese arbeits- und kostenintensive Maßnahme verfehlt allzu häufig ihre Wirkung: Wo immer der Zaun infolge faulender Pfosten eingestürzt, mutwillig umgetreten oder durch Wildschweine zerstört wird, finden Rehe ihren Weg zu den begehrten Futterpflanzen (Bild: Georg Meister).

dass im Staatswald mehr als zwei Drittel aller starken Hirsche von Staatsforstbeamten geschossen worden sind. Gut zwei Jahrzehnte später funktioniert laut der Kontrollbehörde immer noch auf 80 Prozent der selbstbejagten Staatsforstflächen die Waldverjüngung deshalb nicht, weil die Beamten ihre Pflicht vernachlässigen und stattdessen ihren Vorgesetzten zuliebe kapitale Hirsche hegen. In einem konkreten Fall sollen für die »geführte Jagd« eines hohen Beamten aus dem Landwirtschafts- und Forstministerium 67 Arbeitsstunden angefallen sein – auf Kosten der Steuerzahler.[111]

Das bringt das Fass zum Überlaufen. Am 1. Februar 1994 verkündet der bayerische Landwirtschaftsminister Reinhold Bocklet, dass Forstbeamte künftig keine begehrten Trophäenträger mehr »frei Haus« erlegen und Verwaltungsangehörige sich nicht mehr unentgeltlich jagdlich führen lassen dürfen; zudem solle fortan die ganzheitliche Verantwortung für die waldbaulichen und jagdlichen Verhältnisse im Staatswald stärker betont und eingefordert werden. In den meisten anderen Bundesländern gelten diese Regeln nicht – obwohl auch dort die Gesetze vorschreiben, dass der Staatswald »vorbildlich zu bewirtschaften« sei.

Solche Skandale und Versäumnisse beschädigen die Glaubwürdigkeit der Staatsforstverwaltungen. Neben eigener Misswirtschaft stürzen steigende Arbeitslöhne und sinkende Holzpreise die Forstorganisationen in die roten Zahlen. Diese Gemengelage führt ab 2005 zu umfangreichen Reformen: Die Bewirtschaftung des Staatswaldes wird an Anstalten des öffentlichen Rechts übertragen, die in erster Linie Gewinne erzielen sollen. In der Folge kommt es zu einer massiven Reduzierung der Forstdienststellen: So muss ein Revierförster im Jahr 2019 eine etwa sechsfach größere Staatswaldfläche betreuen als 65 Jahre zuvor, ebenso wie ein Forstbetriebsleiter, verglichen mit damals, für eine etwa zehnmal größere Waldfläche zuständig ist. Zugleich werden nahezu flächendeckend große Maschinen zur Holzernte eingeführt, um die Einschläge zu steigern.

Alarmiert von dieser auf Gewinnmaximierung fixierten Forstwirtschaft gründen besorgte Waldfreunde – zuerst in Bayern, später auch in anderen Bundesländern – sogenannte Bürgerwaldforen, die auf die besondere Verpflichtung des Staatswaldes hinweisen, wie sie im Bayerischen Waldgesetz schon längst festgeschrieben ist: Dieser müsse ein echter »Bürgerwald« sein, der seine zahlreichen

Gemeinwohlfunktionen langfristig erfüllen kann. Untermauert wird die Sichtweise von einem Urteil des Bundesverfassungsgerichtes aus dem Jahr 1990, in dem es heißt: »Die Forstpolitik der Bundesregierung ist weniger auf Marktpflege ausgerichtet; sie dient vor allem der Erhaltung des Waldes als ökologischen Ausgleichsraums für Klima, Luft und Wasser, für die Tier- und Pflanzenwelt sowie für die Erholung der Bevölkerung [...]. Neben den wirtschaftlichen Nutzen des Waldes tritt gleichrangig seine Bedeutung für die Umwelt [...]. Die Bewirtschaftung des Körperschafts- und Staatswaldes, der 58% der Waldfläche in der Bundesrepublik Deutschland ausmacht, dient der Umwelt- und Erholungsfunktion des Waldes, nicht der Sicherung von Absatz und Verwertung forstwirtschaftlicher Erzeugnisse. Die staatliche Forstpolitik fördert im Gegensatz zur Landwirtschaftspolitik weniger die Betriebe und die Absetzbarkeit ihrer Produkte als vielmehr die Leistungsfähigkeit des Naturhaushalts. Landwirtschaft und Forstwirtschaft unterliegen demnach grundsätzlich verschiedenen Produktions- und Marktbedingungen.«[112]

Auch die Dauerwald-Idee bekommt in vielen Teilen Deutschlands wieder Aufwind: Im Saarland setzt Wilhelm Bode, von 1987 bis 1993 Leiter der Landesforstverwaltung, das Konzept einer naturnahen Waldwirtschaft um. Damit werden erstmals in einem Bundesland die instabilen Altersklassenwälder auf der gesamten öffentlichen Fläche in alters- und artengemischte Dauerwälder verwandelt; verboten ist fortan jeglicher Kahlschlag, das Befahren der Waldböden und der Einsatz von chemischen Bioziden.[113] Beispielhaft für einen derart bewirtschafteten Wald steht das 340 Hektar große, private Waldstück des Forstwirts Eckhard Wenzlaff, der »Spechtwald Buddenhagen« in Mecklenburg-Vorpommern, das der im Dezember 2011 gegründeten gemeinnützigen Dauerwaldstiftung des bürgerlichen Rechts als Versuchsfläche dient. Weitere Positivbeispiele finden sich im letzten Kapitel des Buches (ab S. 147).

Auch die Bürgerschaft der Hansestadt Lübeck besinnt sich auf eine naturnahe Waldnutzung. Dort beauftragt man den Forstamtsleiter Lutz Fähser mit der Entwicklung eines Bewirtschaftungskonzepts für die städtischen Waldflächen und beschließt 1994 einstimmig dessen Umsetzung. Fortan soll es im Lübecker Stadtwald nur minimale forstwirtschaftliche Eingriffe geben, die sich weitgehend an natürlichen Prozessen orientieren und daher unter dem Stichwort »Prozessschutz«

bekannt werden. Damit erfüllt dieser Wald die strengen Kriterien des Vereins Naturland und des Forest Stewardship Council, kurz FSC, noch bevor es diese Zertifizierungen überhaupt gibt.

Mittlerweile haben etliche große Städte das Lübecker Konzept übernommen, darunter Berlin, Bonn, Göttingen, Hannover, München, Saarbrücken und Wiesbaden. Immer mehr Forstleute werden zu jener Art von Naturnutzern, die der amerikanische Umweltethiker Aldo Leopold der »Kategorie B« zuordnet: Sie spüren »die Regungen des ökologischen Gewissens«[114] und machen die Aufrechterhaltung der vielfältigen Funktionen des Waldes zu ihrer obersten Priorität. Dadurch unterscheiden sie sich von den Forstleuten der »Kategorie A«, welche nach agronomischen Gesetzen »Bäume wie Kohlköpfe ziehen«[115] und damit das *German Problem* in Form von instabilen Nadelholzplantagen ohne Chance auf natürliche Verjüngung geschaffen haben.

So bleibt zu hoffen, dass Georg Sperber, der mit dem Aufbau des Nationalparks Bayerischer Wald und mit der naturnahen Bewirtschaftung des Staatswalds in dem ihm anvertrauten Forstamt Ebrach schon seit Jahren konsequent zu den »B-Forstleuten« zählt, mit seiner Vorhersage richtigliegen möge: »Die Einsichten, die Leopold durch seine deutschen Reiseerfahrungen schon vor 60 Jahren gewonnen hatte, breiten sich zunehmend aus. Ich schätze, dass diese Entwicklung zu naturfreundlicherem Umgang mit Wäldern unaufhaltsam und nicht mehr umkehrbar sein wird, auch wenn Rückschläge durch wirtschaftliche Zwangslagen nicht ausbleiben werden und der Widerstand einer nach wie vor mächtigen Jägerlobby sich noch versteifen wird, ehe es zur Lösung des ›German problem‹ kommt.«[116] Wie die Lösung zur Rettung unserer Wälder in Zeiten der Klimakrise gelingen kann, wird im folgenden Kapitel diskutiert. Die wichtigsten Forderungen sind in zehn Kästen zusammengefasst.

Wald im Klimawandel: Jetzt handeln!

Deutschlands Wälder befinden sich in einem kritischen Zustand. Nach allem, was ihnen in der Vergangenheit abverlangt wurde, sind sie nun auch noch mit dem Klimawandel konfrontiert. Der Deutsche Verband Forstlicher Forschungsanstalten, kurz DVFFA, fasst die Entwicklung der letzten Jahre so zusammen: »Die Stürme im Winter 2017/18 und die Trockenheit und Hitzeextreme der beiden Sommer 2018 und 2019 haben in den Wäldern Deutschlands gebietsweise erhebliche Schäden verursacht. Von den Stürmen und von Borkenkäferbefall waren vor allem Fichtenreinbestände betroffen; in Kiefernreinbeständen wüteten Waldbrände und es kam vielerorts zu erheblichen Ausfällen durch das [von Pilzen ausgelöste] Kieferntriebsterben und Insektenbefall.« Weiter: »Mit zeitlicher Verzögerung traten dann 2019 auch komplexe Erkrankungen bei der Buche auf« – namentlich Vitalitätsschwäche durch Trockenheit, Sonnenbrand und von pilzähnlichen Mikroben verursachte Krankheiten –, »die zu Absterbeerscheinungen in bisher nicht beobachtetem Umfang führten.«[117]

Als Folge sind von 2018 »bis Ende 2020 ca. 171 Millionen Kubikmeter Schadholz angefallen; auf rund 277 000 Hektar […] ist der Wald wiederherzustellen.«[118] Fast drei Viertel des eingeschlagenen Schadholzes gingen auf Insektenschäden zurück.[119] 2021 mussten weitere 50,5 Millionen Kubikmeter gefällt werden. Schätzungen beziffern die Fläche vollständig abgestorbener Bestände zwischen 2018 und 2020 auf rund 380 000 Hektar[120] oder 2,4 Prozent der bundesdeutschen Waldfläche – und auch diese Entwicklung wird sich infolge des Klimawandels fortsetzen: So lassen die Prognosen des Weltklimarats bis 2050, global und für Europa, einen weiteren Temperaturanstieg von 1,6 bis 2,4 Grad Celsius bei gleichzeitig veränderten jährlichen Niederschlagsverteilungen sowie zunehmenden Witterungsextremen wie Trockenperioden, Starkregen und Stürmen erwarten.[121]

Es muss eine Analyse erfolgen, in welchen Betrieben man bereits auf größerer Fläche artenreiche, klimatolerante Mischwälder erzielen konnte. Acht von ihnen werden im nächsten Kapitel vorgestellt. Um sie aufzubauen und zu erhalten, waren und sind besondere Leistungen erforderlich, die ein außergewöhnliches Engagement voraussetzen und oft mit Anfeindungen einhergehen. Denn die dafür notwendigen Maßnahmen umfassen zwingend ein Jagdkonzept, das die Naturverjüngung aller jeweils erwünschten Baumarten ermöglicht. Die verantwortlichen Waldbewirtschafter sollten besonders gewürdigt und ihre vorbildhaften Wälder der Öffentlichkeit bekanntgemacht werden, damit andere Waldeigentümer und Förster sie besichtigen und von ihnen lernen können.

Auch Bäume, die nicht vom Sturm gefällt, von Feuern verbrannt oder von Insekten gefressen wurden, sind massiv geschwächt. Das zeigen die Waldzustandserhebungen der vergangenen Jahre. Als Kriterium für die Baumgesundheit wird darin der Grad der Kronenbelaubung beziehungsweise -verlichtung herangezogen. 2020 wies nur gut ein Fünftel der stichprobenhaft begutachteten Bäume eine voll belaubte, 37 Prozent hingegen eine deutlich verlichtete Krone auf. Das sind 13 Prozent mehr als noch fünf Jahre zuvor und markiert den höchsten Wert seit Beginn der Erhebungen im Jahr 1984. Verschlechtert hat sich besonders der Zustand von Fichten und Buchen: Bei ersteren stieg der Anteil der Bäume mit deutlichen Kronenverlichtungen von 28 Prozent im Jahr 2015 auf 44 Prozent im Jahr 2020; bei letzteren nahm er in diesem Zeitraum von 33 auf 55 Prozent zu.[122]

Der desolate Zustand unserer Wälder ist jedoch nicht allein dem Klimawandel geschuldet. Vielmehr spiegelt sich darin erneut das *German Problem* wider: Das Wechselspiel aus verfehlter Forstwirtschaft und überhöhten Wildbeständen hat zur Anlage naturferner Forste geführt, die sich ihrer natürlichen Regenerationskraft beraubt sehen. Dürre, Wind und Käfer »ernten« heute, was die Förster vor 120, 90 oder 60 Jahren als monotone, jeweils gleichalte Baumplantagen gesät oder gepflanzt haben – und teils noch immer pflanzen. »Tatsächlich sind nach den natürlichen Abläufen, die heute in nicht genutzten Wäldern zu beobachten sind, Windwurf, Schneebruch und Borkenkäferbefall nichts anderes als Methoden der Natur, instabile Försterforste in stabile Naturwälder umzuwandeln«, fasst der Förster und Naturschützer Hans Bibelriether seine Erfahrungen aus drei Jahrzehnten als Leiter des Nationalparks Bayerischer Wald zusammen.[123] »Der Umbau von Nadelbaumreinbeständen – wie sie in großem Umfang zuletzt nach dem Zweiten Weltkrieg entstanden sind – hin zu standortgerechten Laub und Laubmischbeständen ist daher ein Ziel der Forstpolitik des Bundes und der Länder. Er ist Bestandteil der Waldbaurichtlinien vieler Landesforsten und wird im Nichtstaatswald seit Jahrzehnten mit erheblichen Mitteln gefördert«,[124] heißt es in einer Broschüre des Bundesministeriums für Ernährung und Landwirtschaft, kurz BMEL, zu den Ergebnissen der dritten Bundeswaldinventur aus dem Jahr 2012. Neuere Zahlen liegen noch nicht vor, denn die vierte Inventur hat im April 2021 begonnen und wird voraussichtlich Ende 2024 Resultate liefern – die Prognose sieht jedoch alles andere als gut aus.

Zielsetzungen wie diese hören wir nicht zum ersten Mal. Doch allen Willensbekundungen und Finanzmitteln zum Trotz handelt es sich hierzulande immer noch bei der Hälfte aller Bäume um Fichten oder Kiefern, von denen 29 respektive 43 Prozent in Reinbeständen ohne andere Baumarten vorkommen – und selbst die ausgewiesenen »Mischbestände« enthalten gemäß der vom BMEL zugrunde gelegten Definition oft nur zwei Baumarten mit jeweils zehn Prozent Mindestflächenanteil.[125] Besorgniserregend ist auch das Alter unserer Wälder. »Der Wald ist im Durchschnitt heute 77 Jahre alt und gegenüber 2002 damit viereinhalb Jahre älter«, heißt es in der BMEL-Darstellung. Bei der letzten Inventur waren demnach fast zwei Drittel (63,7 Prozent) der Gesamtwaldfläche mit Baumbeständen von

80 Jahren oder weniger bestockt; der Anteil an über 160 Jahre alten Bäumen lag bei lediglich 3,5 Prozent.[126] Zum Vergleich: In Naturwäldern können beispielsweise Eichen 500 Jahre und mehr erreichen.

Gerade ältere bis sehr alte Bäume sind für eine Vielzahl von Insekten, Vögeln und Kleinsäugern unverzichtbar. So bietet ein Zunderschwamm, wie er nur dort wächst, bis zu 600 verschiedenen Arten von Gliederfüßern Nahrung und Lebensraum – welche ihrerseits zahlreichen Tieren als Beute dienen. Und mehr als 1300 Käferarten – also rund ein Viertel aller in Deutschland nachgewiesenen Spezies – leben vom Holz unterschiedlicher Zerfallsstadien. Artenreiche Ökosysteme sind weniger diversen Lebensgemeinschaften in vieler Hinsicht überlegen, wie aufwendige Untersuchungen an Waldparzellen in Panama und China, aber auch an Grasländern in Deutschland zeigen: Sie produzieren mehr Biomasse, weisen eine höhere Resilienz gegenüber widrigen Umweltbedingungen auf und reagieren robuster auf Störungen.[127]

Wie selten natürlich gealterte Bäume sind, offenbaren die erstmals erhobenen Daten zu »Biotopbäumen« – gemeint sind solche mit Stamm- und Asthöhlen oder Bruch- und Faulstellen – sowie »Totholz« – sprich vermoderndes Holz, das keineswegs »tot« ist, sondern von unzähligen Lebewesen bewohnt, genutzt und abgebaut wird. Zwar erfasst die Bundeswaldinventur rund 22 Millionen sogenannter Specht- oder Höhlenbäume, doch weist nur knapp eine Million von ihnen eine Markierung auf, die sie als solche kennzeichnet und dadurch langfristig schützt.[128] Demnach kommt auf zehn Hektar Wald, bundesweit gemittelt über alle Eigentumsarten, gerade mal ein einziger markierter Biotopbaum.[129] Auch natürlich entstandenes »Totholz« aus abgestorbenen stehenden oder liegenden Gehölzen ist in deutschen Wäldern ein rares Gut: Davon gibt es im Mittel 20,6 Kubikmeter pro Hektar, doch das Gros setzt sich aus vom Wind geworfenem Nadelholz oder nach der Holzernte im Wald belassenem Ast- und Wurzelwerk zusammen.

»Heute überwiegen im gesicherten Nachwuchs unserer Wälder mit Abstand die Laubbaumarten, weil dies von den aktuell für den Wald Verantwortlichen als richtig und notwendig angesehen wurde und wird«, behaupten die 74 Männer und 6 Frauen, die das Positionspapier des DVFFA unterzeichnet haben. In der Tat betrug der Anteil der Laubbäume an den unter 20 Jahre alten Exemplaren zum Zeitpunkt der letzten Inventur 57,8 Prozent. Allerdings bewertet dieselbe Erhebung die mit jungen Bäumchen unter vier Metern Höhe bestockten Bestände lediglich auf 51,3 Prozent der untersuchten Waldfläche als »naturnah« oder »sehr naturnah« – zumindest gemäß ihrer Artenzahl und -zusammensetzung. Im Umkehrschluss: Auf fast der Hälfte der Waldfläche ist der nachwachsende junge Wald heute immer noch nicht naturnah zusammengesetzt. Staats- und Körperschaftswälder schneiden nur unmerklich besser ab: Dort sind 58,4 Prozent des Jungwaldes naturnah gemischt.[130]

Die weitgehende Selbstkontrolle der Staatswälder muss durch unabhängige Prüfstellen ersetzt werden. Die Staatsforstverwaltungen der Bundesländer sind bislang weitgehend nur sich selbst gegenüber rechenschaftspflichtig. Wiederholte Kritik seitens der Rechnungsämter wurde mit Verweisen auf deren mangelnde Fachkompetenz abgeschmettert. Deshalb haben die teils massiven Zielverfehlungen nicht zu einer entscheidenden Änderung der bisherigen jagdlichen und waldbaulichen Praxis geführt. Um einen Wandel zu bewirken, müssen die Staatswälder und ihre Zustandskontrolle auch in jenen Bundesländern, wo dies noch nicht der Fall ist, den Umweltministerien statt den Landwirtschaftsministerien unterstellt werden. Zusätzlich gilt es eine eigene Prüfstelle unter dem Dach der Rechnungsämter zu etablieren, die neben der Erfüllung ökonomischer Ziele vorrangig die Erbringung der Gemeinwohlleistungen des Waldes gewährleistet. Ihr soll ein Fachbeirat zur Seite stehen, an dem nicht nur Forstleute, sondern auch Vertreter von Natur- und Umweltverbänden maßgeblich mitwirken.

»Die in den letzten Jahren durchgezogene bundesweite Umwandlung der Landesforstverwaltungen in auf Gewinnmaximierung ausgerichtete Forstunternehmen schränkt großflächig die gesetzlich vorgeschriebene Erfüllung der Schutz- und Sozialfunktion der Wälder ein. Die Folgen sind dramatisch«, mahnt Hans Bibelriether schon im Jahr 2008.[131] Heute, 15 Jahre später, hat sich angesichts der verheerenden Waldschäden der letzten Zeit eine teils emotional geführte Diskussion über die Ausrichtung der deutschen Forstwirtschaft und -politik entfacht: »Die bisher allein von Holzmenge und Verkaufserlös abhängigen Erfolgsbilanzen der Forstbetriebe, die nur zu gerne die schwarze Null über die Gemeinwohlfunktionen des Waldes stellen, sind als falsch und für die Zukunft unserer Wälder schädliche Messlatte entlarvt worden«, schreiben der Landschaftsökologe Hans Knapp, der Biologe Siegfried Klaus und der Forstwirt Lutz Fähser im Vorwort zu der von ihnen herausgegebenen Aufsatzsammlung über den *Wald im Widerstreit der Interessen* und fordern: »Angesichts des Zustandes der Wälder ist eine neue Waldstrategie dringend erforderlich.«[132]

An dieser neuen Waldstrategie scheiden sich – wie schon im letzten und vorletzten Jahrhundert – die Geister: Während die einen nach technischen Lösungen suchen, um ihre Baumplantagen möglichst schnell wieder effizient »nutzen« zu können, setzen die anderen auf die Kräfte der Natur, damit die Wälder sich zuallererst selbst erhalten und in der Lage sind, ihre für die Menschheit lebenswichtigen Leistungen jenseits der Holzproduktion zu erbringen. Hans Succow, emeritierter Professor für Landschaftsökologie und Naturschutz an der Universität Greifswald, kritisiert die »Holzlobby«: »Das weitverbreitete Missverständnis über die Rolle der Wälder im Naturhaushalt führt aktuell zu einer gesteigerten Nutzungsintensität, ein alleiniges Orientieren auf den zu steigernden Holzertrag. Das darf in Zeiten menschengemachten Klimawandels nicht weiter hingenommen werden.« Sein Appell im Sinne der »Naturlobby« lautet dagegen: »Es gilt, die sich vielfältig in langen Zeiträumen entfalteten Wälder als sich selbst optimierende Ökosysteme zu begreifen und sie entsprechend zu behandeln, um ihre Funktionstüchtigkeit zu stärken. Noch naturnahe, gesunde, alt gewordene Laubwälder gilt es ausnahmslos aus der Nutzung zu nehmen, ein Moratorium ihrer Nichtnutzung ist zwingend erforderlich. Ziel muss es sein, klimastabile Wälder, sich als anpassungsfähig zeigende Waldökosysteme zu befördern. Die Entwicklung derartiger Wälder muss als eine wichtige Sozialleistung unserer Gesellschaft begriffen werden. Und dazu müssen wir der Natur Raum und Zeit geben. […] Fangen wir also rasch an, von der Natur zu lernen, wie sie es im Zusammenspiel ihrer Ökosysteme schaffte, sich immer wieder wandelnden Rahmenbedingungen anzupassen, fortzubestehen, zu optimieren. Je weniger wir dabei regulieren, meinen eingreifen zu müssen, umso sicherer wird die Natur den ›rechten Weg‹ finden. Lassen wir also die noch vorhandenen stabilen Laubwaldökosysteme in Frieden, ungenutzt, ihre hier noch täglich vollbrachten ökologischen Leistungen übertreffen bei Weitem den vordergründigen Gewinn. Ihre Funktionen als Kühler, Wolkenbildner, Sauerstoffproduzenten, Humusbildner sind für das Gemeinwohl von unschätzbarem Wert.«[133]

Die »Holzlobby« wünscht sich dagegen »eine möglichst rasche, aktive Umgestaltung unserer Wälder« durch »Verkürzung der Produktionszeiträume«[134] sowie den Anbau fremdländischer Baumarten wie Douglasie, Küstentanne, Japanlärche und Roteiche,[135] denen man eine bessere Anpassungsfähigkeit an den Klimawandel zutraut als den heimischen Spezies. Dahinter steckt ein Konzept, das Pierre Ibisch, Professor für Wald und Umwelt der Hochschule für nachhaltige Entwicklung in Eberswalde, als »Karbonisierung der Umweltpolitik« bezeichnet. Diese habe mit der 1992 beschlossenen Klimarahmenkonvention der Vereinten Nationen begonnen und ziele darauf ab, einerseits fossile durch nachwachsende Rohstoffe zu ersetzen und andererseits mittels einer gesteigerten Waldnutzung zusätzliche Mengen an CO_2 aus der Atmosphäre aufzunehmen und für lange Zeit im Holz zu speichern.[136]

Was zunächst vernünftig scheint, erweist sich bei genauerem Hinsehen als kontraproduktiv. Betrachten wir nämlich die Energiebilanz der unmittelbaren Verbrennung von frisch geschlagenem Holz oder Sägeabfällen, stellt sich heraus, dass die sogenannte Payback-Zeit, bis eine der verbrannten Biomasse äquivalente Menge im Wald nachgewachsen ist und die vorherigen CO_2-Emissionen kompensiert, mehrere Jahrzehnte beträgt. So viel Zeit haben wir aber angesichts des schnell voranschreitenden Klimawandels nicht. Weil Holz einen relativ geringen Energiegehalt aufweist – etwa halb so groß wie der von Steinkohle[137] –, führt seine Verbrennung mittelfristig zu einem höheren Ausstoß von Treibhausgasen und beschleunigt damit die Erderwärmung.

Nichtsdestotrotz wird mehr und mehr Holz verbrannt; seit 2008 wandert die Hälfte der gesamten Holzernte aus Deutschlands Wäldern in die Brennöfen. Die Nachfrage nach »Energieholz« lag 2016 bei 59,5 Millionen Kubikmeter im Jahr – das entspricht einem Zuwachs gegenüber 1990 in Höhe von 219 Prozent![138] Dennoch ist dessen Beitrag zur Energiewende gering, rechnet László Maráz, Diplom-Forstwirt und Mitbegründer der Initiative Pro REGENWALD, vor: »Doch selbst wenn wir die gesamte Holzernte Deutschlands (circa 76 Millionen Kubikmeter bzw. 40 Millionen Tonnen) verfeuern würden, würde nicht einmal so viel Energie erzeugt, um die Braunkohle aus dem Tagebau Hambach (42 Millionen Tonnen) energetisch zu ersetzen. Bedenkt man, dass die jährliche Förderung deutscher Braunkohle bei über 165 Millionen Tonnen liegt und zusätzlich etwa 55 Millionen Tonnen Steinkohle importiert werden, wird klar, dass unsere Wälder zu klein sind und unser fossiler Energieverbrauch viel zu groß ist.«[139]

Die ehemalige Bundesministerin für Ernährung und Landwirtschaft, Julia Klöckner, behauptet demgegenüber, der »Wald in Deutschland bindet rund 57 Millionen Tonnen CO_2-Äquivalente pro Jahr. Etwa genauso viel setzen alle Nutzfahrzeuge in Deutschland im gleichen Zeitraum frei. Damit ist der Wald unser wichtigster Klimaschützer. In den zurückliegenden Jahren konnten der Wald, seine nachhaltige Bewirtschaftung und die Holzverwendung insgesamt die Treibhausgas-Bilanz in Deutschland um bis zu 14 Prozent verbessern.«[140] Anstatt endlich die gebotenen Maßnahmen zu ergreifen, um die Emissionen des deutschen Autoverkehrs radikal zu senken, soll der Wald diese nun durch eine erhöhte Holzproduktion kompensieren. Als Zielvorgabe formuliert das BMEL unter anderem, den »Klimaschutzbeitrag durch Wald und Holz« auszubauen, und spricht dabei auch der »Substitution fossiler Energieträger durch die energetische Holznutzung« eine »zentrale Rolle« zu.[141] Die Produktion von Energieholz zu steigern ist aber die schlechteste Option im Kampf gegen eine weitere Erderwärmung – zumal derzeit zwei Drittel des Rohstoffs von Laubbäumen stammen, die im Gegensatz zu Nadelbäumen meist in naturnahen Mischwäldern wachsen.

Die Entwicklung neuer, langlebiger Produkte aus Laubholz könnte dieses Dilemma auflösen – de facto wurden aber zwischen 2013 und 2017 weitaus mehr kurz- als langlebige Holzprodukte hergestellt.[142] Woran dies liegt und wie sich hier

Die Resilienz- und Selbstheilungskräfte unserer bestehenden Wälder zur Anpassung an den Klimawandel müssen mit aller Kraft unterstützt werden. Welche Wälder in einer von der Erderwärmung geprägten Zukunft überlebensfähig sind – die Wissenschaft nennt diese »klimaplastisch« –, können wir heute nicht vorhersehen. Daher ist es entscheidend, dass wir natürliche Abläufe weitestgehend zulassen oder wiederherstellen: Dies umfasst die Waldentwicklung vom Auskeimen, Aufwachsen und Fruchten einer artenreichen heimischen Vegetation aus bodenbedeckenden Kräutern, Sträuchern, kurz- und langlebigen Bäumen bis in die Alters- und Zerfallsphase. Bedingung dafür ist eine Jagdstrategie, die eine natürliche Verjüngung aller erwünschten Gehölze ermöglicht. Daher muss die Jagd dort, wo natürliche Beutegreifer fehlen, für ein ausgewogenes Verhältnis von Pflanzen und Pflanzenfressern sorgen. Den Waldboden gilt es bei allen Pflanz-, Pflege- und Erntearbeiten schonend zu behandeln, damit er ein vielfältiges Mikrobenleben entfalten, den Humus mehren sowie ausreichend Wasser und Nährstoffe für die Pflanzen bereitstellen kann. Der Verbleib von Biotopbäumen und »Totholz« ist zu fördern, der Einsatz von Plastik im Wald, insbesondere zum Schutz junger Bäume, zu vermeiden. Eine hohe Priorität sollte dem Erhalt oder Wiederaufbau von Humus auf Kalamitätsflächen zukommen; dies setzt die Förderung und gegebenenfalls Unterstützung ihrer Besiedelung durch die natürlichen Pionierpflanzen der heimischen Resilienzvegetation voraus.

gegensteuern ließe, diskutiert der Wissenschaftliche Beirat für Waldpolitik beim BMEL in einer Stellungnahme zur langfristigen Waldstrategie: Demnach »bedarf es besserer Techniken zur Verarbeitung des steigenden Laubholzangebotes zu langlebigen Holzprodukten in Holzwerkstoff- und Dämmplatten, im Baubereich und im Bereich der Bioraffinerie. Eine wesentliche Herausforderung aus Sicht der

Nachfrager ist die Anpassung der Landesbauordnungen und Bauregelungen. Es ist bekannt, dass die landesspezifischen Regelungen immer höhere Anforderungen an die Planung und das Bauen für alle Bauweisen stellen. Der Holzbau ist hiervon jedoch besonders betroffen. Die Bauregelungen sind zumeist so eng gefasst, dass Abweichungen von der Norm, die sich regelmäßig ergeben, jeweils einzeln beantragt werden müssen. Die Bauregelungen sollten daher so weit erweitert und angepasst werden, dass ein ›abweichungsfreies‹ Bauen in Holz (im Sinne der Bauordnungen) für Holztafelbau und Massivholzbauweise bis zur Hochhausgrenze im gesamten Bundesgebiet möglich ist.«[143]

Auch eine weitere, häufig vorgebrachte Behauptung der »Holzlobby« – nämlich, dass Wirtschaftswälder, insbesondere solche mit »verkürzten Produktionszeiten«, in denen die Bäume möglichst früh geschlagen werden, mehr Kohlenstoff speichern und somit einen höheren Beitrag zum Klimaschutz leisten als wenig oder gar nicht genutzte Naturwälder – hält einer genaueren Überprüfung nicht stand. Eine vergleichende Studie auf rund 18 500 Waldflächen in Nordamerika zeigt, dass der Kohlenstoffgehalt des gesamten Ökosystems mit seinem Alter steigt, vor allem jenseits von 130 Jahren. Zudem weisen die ältesten Wälder die höchsten Wachstumsraten auf.[144]

Gestützt werden diese Befunde durch Beobachtungen hierzulande. Laut der vom Thünen-Institut veröffentlichten *Kohlenstoffinventur 2017* waren im Erfassungsjahr insgesamt 1 230 Millionen Tonnen Kohlenstoff in lebender Biomasse und weitere 33,6 Millionen Tonnen im »Totholz« gebunden; zwischen 2012 und 2017 wurden pro Jahr im Mittel je Hektar zusätzlich 1,1 Tonnen Kohlenstoff in der lebenden Waldbiomasse angereichert; dabei speicherten die Laubbäume – trotz ihres geringeren Anteils an der Waldfläche – absolut mehr Kohlenstoff als die Nadelbäume. Das »Totholz« bindet weitere 0,8 Tonnen Kohlenstoff pro Hektar und Jahr. In einem Vergleich zwischen verschiedenen Waldtypen nahmen die Kleinstprivatwälder mit jährlich 1,5 Tonnen pro Hektar den meisten Kohlenstoff auf: Diese sind zwar individuell kleiner als 20 Hektar, machen aber zusammen knapp ein Viertel der deutschen Waldfläche aus. Als Nächstes binden die Kleinprivatwälder aus 20 bis 1 000 Hektar großen Waldstücken jährlich 1,0, Großprivatwälder dagegen nur 0,6 Tonnen Kohlenstoff pro Hektar. Die öffentlichen Wälder des Landes,

Die Waldnutzung darf der CO_2-Speicherung nicht entgegenstehen. Der Klimawandel lässt sich nur dann noch abfedern, wenn die Treibhausgasemissionen radikal sinken. Dagegen ist der Beitrag des Waldes zur Abschwächung der Erderwärmung zweitrangig. Dennoch dient das Holz lebender Bäume ebenso wie andere Biomasse inklusive »Totholz« und Humus als CO_2-Speicher. Intakte, vorratsreiche Wälder zeichnen sich durch eine hohe Resilienz aus und haben damit bestmögliche Chancen, auch mit den Umweltveränderungen im Zuge des Klimawandels zurechtzukommen; zudem binden sie besonders viel Kohlendioxid. Deshalb sollte möglichst viel Holz möglichst lange im Wald bleiben und jede Entnahme muss schonend und ausnahmslos ohne Kahlschlag erfolgen. Allein die lebende Biomasse könnte von heute durchschnittlich 360 auf 450 oder mehr Volumenfestmeter je Hektar Waldfläche angehoben werden und so über viele Jahre große Mengen CO_2 binden. Zudem gilt es, das entnommene Holz sorgsam zu nutzen. Bis heute existiert in Deutschland keine Nachhaltigkeitsstrategie zur sinnvollen, effizienten Verwendung von Holzprodukten. Derzeit wird die Hälfte des in Deutschland geschlagenen Holzes verbrannt, der Rest größtenteils zu kurzlebigen Waren wie Papier verarbeitet. Statt einer Subventionierung der energetischen Holzverwertung sollte die Nutzung langlebiger Produkte wie Häuser, Möbel oder Faserplatten gefördert werden. Bestimmungen, die eine langfristige Holzverwendung in Bauwerken erschweren, sind zu überprüfen und gegebenenfalls abzubauen. Forschungsprojekte zur langfristigen Verwendung von Holz, insbesondere Laubholz, müssen intensiviert und mit öffentlichen Geldern vorangetrieben werden. Gleichzeitig ist es notwendig, der stetig steigenden Nachfrage nach und Verschwendung von Papier sowie weiteren kurzlebigen Holzprodukten entgegenzuwirken. Schließlich sollten die Gemeinwohlfunktionen im öffentlichen Wald gegenüber der Erzeugung langlebiger Holzprodukte trotz alledem Vorrang genießen.

Bundes und der Kommunen speichern mit 1,15 respektive 1,07 und 1,03 Tonnen mehr Kohlenstoff pro Hektar und Jahr als die Groß- und Klein-, aber weniger als die Kleinstprivatwälder. Diese deutlichen Unterschiede führt das Thünen-Institut auf die Art der Bewirtschaftung zurück, denn kleiner Waldbesitz wird in der Regel weniger intensiv genutzt als großer.[145]

Neben dem Grad der Beanspruchung spielt, wie bereits angedeutet, auch das Alter der Bäume eine maßgebliche Rolle: Über die höchste Speicherkapazität mit 4,4 Tonnen Kohlenstoff je Hektar und Jahr verfügen 60 bis 120 Jahre alte Wälder, die jedoch nur 38,5 Prozent der Gesamtfläche ausmachen. Rechnet man noch ältere Bestände mit ein, summiert sich der Anteil auf 52,4 Prozent.[146] »Damit verzichtet man durch frühe Nutzung auf das wertvolle Speichervermögen in älteren Beständen, gerade jetzt, wo es um Zeitgewinn für die angestrebte Dekarbonisierung der EU gehen sollte«, kommentieren Franz Leibl, seit 2011 Leiter des Nationalparks Bayerischer Wald, und der dort für das Ökosystem-Monitoring verantwortliche Biologe Burkhard Beudert die Befunde: »Nach Ernte vergehen in Europa mindestens 10 bis 20 Jahre, bis die CO_2-Absorptionsrate eines Jungbestands größer ist als die CO_2-Freisetzungsrate aus dem Bestand. Je geringer das Bestandesalter bei Ernte und je schneller der Umtrieb, desto größer sind die Kohlenstoffverluste der Waldökosysteme und desto geringer sind die möglichen Kohlenstoffgewinne.«[147]

Nicht nur die lebenden Pflanzen des Waldes dienen als Kohlenstoffspeicher, auch im »Totholz« der abgestorbenen Bäume bleibt der Kohlenstoff über lange Zeiträume erhalten. Die Wirtschaftswälder Deutschlands weisen aktuell »Totholz«-Vorräte von durchschnittlich 22 Kubikmeter je Hektar auf, was etwa 3 Tonnen Kohlenstoff je Hektar entspricht.[148] In europäischen Urwäldern, aber auch in Nationalparkwäldern liegt der Anteil deutlich höher: So reichert beispielsweise der seit 70 Jahren nicht mehr bewirtschaftete alte Buchenwald im mecklenburgischen Naturschutzgebiet »Heilige Hallen« mit bis zu 31 Tonnen Kohlenstoff je Hektar mehr als die zehnfache Menge »Totholz« an, als ein durchschnittlicher Wirtschaftswald.[149] Burkard Beudert und Franz Leibl messen daher alten und an »Totholz« reichen Naturwäldern mindestens die gleiche Bedeutung als Kohlenstoffspeicher bei wie genutzten Wäldern. Zudem vergleichen sie die Zeitspannen, in denen Kohlenstoff in verschiedenen Holzprodukten gebunden ist: Man schätzt

Der Wasserrückhalt in den Wäldern muss wieder ermöglicht und stärker gefördert werden. Intakte Wasserkreisläufe sind nicht nur lebensnotwendig für den Wald, sondern üben auch einen günstigen Einfluss auf die umgebende Landschaft und das globale Klima aus. In der Vergangenheit wurden, wie bereits beschrieben, Gräben zur gezielten Entwässerung der Wälder angelegt. Heute beschleunigt ein umfangreiches Netz von Forststraßen, das meist 30 bis 40 Laufmeter je Hektar umfasst, vielerorts den Wasserabfluss. Wasser ist ein für alle Waldlebewesen essenzielles Gut und insbesondere für Fische, Amphibien, Libellen und viele weitere Insekten mit aquatischen Jugendstadien unverzichtbar. Zusätzlich prägt es das Innenklima des Waldes und trägt zur Kühlung der Landschaft bei – eine Leistung, die in Zeiten der Erderwärmung immer mehr an Bedeutung gewinnt. Daher muss ein gezieltes Wasserrückhalteprogramm für unsere Wälder entwickelt werden, wie es in vielen beispielhaft bewirtschafteten Wäldern bereits besteht: Geeignete Maßnahmen sind der Bau von Rückhaltebecken, Ableitungen in die Baumbestände und Rückbau oder Verschmälerung von Forststraßen. Zu den Forderungen sollte außerdem der Verzicht auf schwere Holzerntemaschinen gehören, da sie den Boden verdichten, Baumwurzeln verletzen, symbiontische (Mykorrhiza-)Pilze schädigen und damit die Wasserspeicherkapazitäten des Bodens mindern; in vielen Betrieben wird bis zu einem Viertel der Waldfläche mit solchen Geräten befahren. Alternative Rückemethoden, der Einsatz von Pferden, Lastkränen, Hubschraubern und Seilbahnen sind im Einzelfall zu erwägen. Die notwendigen Maßnahmen müssen im Privatwald deutlich gefördert werden; im Staats- und Komunalwald sind die Kosten in den Jahresbilanzen als Maßnahmen für das Gemeinwohl gesondert aufzuführen.

diese für Bauholz auf 50, für Möbel- und Holzwerkstoffe auf 25 und für Papier und Pappe auf 3 Jahre. Rechnet man den Anteil des Energieholzes ein, das direkt verbrannt wird, beträgt die mittlere Verweildauer für die unterschiedlichen Nutzholzprodukte 21 Jahre. Dem steht eine mittlere Verweildauer von »totem« Holz im Wald von – je nach Baumart – 40 bis 50 Jahren gegenüber: »Holzprodukte sind also in der Zusammenschau nicht zwingend langlebiger oder ein besserer Kohlenstoffspeicher als Totholz, das sich im Wald befindet […]. Das bedeutet: Stark dimensionierte alte Bäume – wie auch das im Wald befindliche Totholz – können als langlebige Holzprodukte interpretiert werden. Diese können, was ihre Klimarelevanz anbelangt, durchaus mit genutzten Holzprodukten konkurrieren«, so das Fazit der Autoren.[150]

Kohlenstoff reichert sich nicht nur in der oberirdischen – toten und lebendigen – Biomasse an, sondern auch im Boden. Hierzulande lagern dort beachtliche 1,45 Millionen Tonnen an Kohlenstoff, also fast genauso viel wie in der oberirdischen Biomasse.[151] Beudert und Leibl schlussfolgern: »Im Naturwald ist das weitere Wachstum bzw. Wachsenlassen und Belassen anfallenden Totholzes ein positiver Beitrag, welcher der Nutzung in nichts nachsteht bzw. sogar günstiger zu bewerten ist.« Und weiter: »Im Wirtschaftswald ist die Senkung des Umtriebsalters als Anpassungsmaßnahme zur Produktionssicherung im globalen Wandel eine kontraproduktive forstwirtschaftliche Maßnahme. Sie bedeutet verringerte CO_2-Absorption in die Biomasse und verstärkte CO_2-Freisetzung aus dem Boden. Höhere Bestandesalter reduzieren dagegen im Verein mit größerer Baumartenvielfalt in unterschiedlichen Klimazonen weltweit die Jahr-zu-Jahr-Variabilität der Bruttoprimärproduktion der größten terrestrischen CO_2-Senke im globalen Kohlenstoffkreislauf.«[152]

Obgleich die Vertreter der »Naturlobby« die Überlegenheit naturnaher, alter Wälder mit harten Zahlen zur Kohlenstoffspeicherung belegen können, stellen sie sich der »Karbonisierung der Umweltpolitik« entgegen. Denn dadurch geraten die zahlreichen anderen Leistungen und Werte der Waldökosysteme aus dem Blick, ebenso wie die bange Frage, wie wir zu ihrem – und damit unserem! – Überleben beitragen wollen. Stattdessen fordern sie eine »Ökologisierung der Forstwirtschaft«, die den Gemeinwohlfunktionen des Waldes höchste Priorität einräumt.

Naturwaldbereiche sind für alle Waldtypen in ausreichender Zahl auszuweisen. Dazu sollten vor allem in den Wäldern der öffentlichen Hand zehn Prozent aus der Nutzung genommen und sich selbst überlassen werden. »Still gelegt«, wie Förster es nennen, sind die Flächen dadurch keineswegs, da in ihnen nach wie vor Wald wächst – ganz wie von der Natur vorgesehen. Damit erfüllen sie eine wichtige Funktion, denn Naturwälder sind Refugien der Biodiversität. Die Bäume dürfen ungestört altern und absterben. Dabei bieten sie einer Fülle von Lebewesen Nahrung und Unterkunft, darunter seltenen Arten wie Mittelspecht, Grauschnäpper oder Bechsteinfledermaus und einer Vielzahl von weiteren Tieren, Pflanzen, Pilzen und Mikroorganismen, die dem Auge meist verborgen bleiben, aber von unschätzbarem Wert für das Waldökosystem sind. Zudem reichern Naturwaldflächen sehr viel Biomasse und folglich auch Kohlenstoff an und leisten dadurch einen Beitrag zum Klimaschutz. Schließlich dienen sie als Lehrstätten, wie sich unsere Wälder durch natürliche Abläufe an die Erderwärmung anpassen, und damit als Vorbilder für die forstliche Nachahmung dieser Prozesse. Weil Luchs und Wolf als Gegenspieler von Reh und Hirsch fehlen, muss auch in Naturwaldflächen durch konsequente Jagd das lokale Gleichgewicht von Pflanzenvielfalt und Schalenwild gewährleistet werden.

Unterstützung erhält die »Naturlobby« vom Bundesverfassungsgericht: Dieses hat bereits 1990 in einer Urteilsbegründung festgestellt, die Forstpolitik der Bundesregierung habe »vor allem der Erhaltung des Waldes als ökologischem Ausgleichsraum für Klima, Luft und Wasser, für die Tier- und Pflanzenwelt sowie für die Erholung der Bevölkerung« zu dienen: »Die Bewirtschaftung des Körperschafts- und Staatswaldes, der 58 % der Waldfläche in der Bundesrepublik Deutschland ausmacht, dient der Umwelt- und Erholungsfunktion des Waldes, nicht der Sicherung von Absatz und Verwertung forstwirtschaftlicher Erzeugnisse.«[153] De facto aber werden die Staats- und Kommunalwälder, die zusammen rund 3,5 Millionen Hektar umfassen, seit mehr als 20 Jahren von gewinnorientierten Landesforstbetrieben bewirtschaftet, die vorrangig an hohen Erlösen durch Holzverkauf interessiert sind.

In den öffentlichen Wäldern müssen die jeweils vorrangigen Waldfunktionen wieder klar benannt und geschützt werden. Indem sie Wasser filtern und speichern, die Landschaft kühlen, Sauerstoff produzieren und Kohlendioxid binden, fruchtbaren Boden bewahren und mehren sowie uns vor Lawinen und Steinschlag schützen, sichern die Wälder elementare Lebensgrundlagen. Diese vielfältigen »Waldfunktionen« sind wesentliche Elemente des Gemeinwohls und dürfen nicht den Interessen Einzelner untergeordnet werden. Um sie zu erfassen, erstellt man in Bayern schon seit den 1970er Jahren die bereits erwähnten »Waldfunktionspläne«, welche zusammen mit Landschafts- und Flächennutzungsplänen die Umwelt vor ungezügelter Nutzung und Übernutzung schützen sollen. Seit den 1990er Jahren werden diese Instrumente jedoch als bürokratisch, unnötig sowie hemmend diskreditiert und schleichend abgebaut. Entsprechend verliert die Waldfunktionsplanung in der Praxis zunehmend an Bedeutung, was wiederum die Kontrolle über den Zustand und die Entwicklung von Waldflächen mit bestimmten vorrangigen Funktionen, etwa als Lawinen-, Boden-, Klima- oder Wasserschutzwälder, erschwert. Es ist dringend notwendig, diesen wichtigen Mechanismus wiederaufzunehmen, laufend fortzuführen und in den Behörden verbindlich umzusetzen. Dazu bedarf es einer personellen und strukturellen Stärkung der zuständigen Ämter für Land- und Forstwirtschaft. Die korrekte Umsetzung muss von den weiter oben geforderten Prüfstellen kontrolliert werden.

»Ein erster konsequenter Schritt müsste zu einer Auflösung dieser Landesforstbetriebe und ihrer Rückeingliederung in die staatliche Verwaltung führen«, fordert der im Herbst 2022 verstorbene Buchenwald-Experte Norbert Panek, und weiter: »Die Sicherung der Gemeinwohlleistungen in den Wäldern ist nur unter strikter staatlicher Aufsicht und unter streng ökologisch orientierten Vorgaben einer grundlegend neu ausgerichteten Waldpolitik gewährleistet. Sämtliche Privatisierungsexperimente im Staatswald müssen schnellstmöglich zu den Akten gelegt werden. Das heißt: Die Schutz- und Erholungsfunktionen von öffentlichen Wäldern müssen absoluten gesetzlichen Vorrang genießen. Bundes- und Länderwaldgesetze sind entsprechend zu ändern. [...] Die Schadensereignisse der letzten beiden Jahre, die nicht allein auf den Klimawandel, sondern auch auf eine falsche Forstbewirtschaftung zurückzuführen sind, sollten als Chance genutzt werden, jetzt diesen Wandel im öffentlichen Wald endlich einzuleiten.«[154]

Wie gut oder schlecht unsere Wälder ihre Gemeinwohlleistungen erfüllen, lässt sich anhand verschiedener Kriterien erfassen. Allerdings sind die bislang üblichen Verfahren wie Vegetationsgutachten, bei denen insbesondere der Anteil verbissener Bäume in bestimmten Revieren erfasst wird, sowie Waldzustandsberichte oder Bundeswaldinventuren äußerst aufwendig, erfolgen deshalb nur alle paar Jahre und dann stichpunktartig statt flächendeckend. Eine mögliche Alternative besteht in der zielgerichteten Auswertung von öffentlich verfügbaren Satellitendaten. Die Vorteile liegen auf der Hand, da die Datensätze ohnehin bereits vorliegen, räumlich und zeitlich hoch aufgelöst sind, das gesamte Gebiet der Bundesrepublik abdecken und, da nach standardisierten Methoden erhoben, eine objektive Grundlage für vergleichende Untersuchungen liefern: »Dies betrifft auch Eigenschaften, die etwa die strukturelle Vielfalt von Waldökosystemen beschreiben und mit der Funktionalität in Verbindung stehen. So steht etwa die strukturelle Vielfalt des Kronendachs auch mit der (Baum-)Artenvielfalt in Verbindung. Auch weitere Schlüsseleigenschaften wie die Biomasse, von der in erheblichem Maße ökologische Funktionen abhängen, können inzwischen über Fernerkundungsdaten gut erfasst werden«, legt ein vierköpfiges Expertenteam der Hochschule Eberswalde in einem für die Bundestagsfraktion von Bündnis 90/Die Grünen erarbeiteten Gutachten dar.[155] Dem Gremium zufolge lassen sich mithilfe einfacher oder abgeleiteter Messgrößen beispielweise die »Grünheit« oder Vitalität der Vegetation sowie die Oberflächentemperatur der Landschaft bestimmen. Diese Informationen geben Aufschluss über Zustand und Funktionsfähigkeit verschiedener Waldstücke, insbesondere über deren Kühlungskapazität, Vitalität, Biomasse und Strukturvielfalt. Damit ist es auch möglich, unterschiedliche Waldtypen hinsichtlich ihres Beitrags zum Gemeinwohl zu vergleichen – etwa Mischwälder mit Reinkulturen, Laub- mit Nadelwäldern, alte mit jungen oder dichte mit stark durchforsteten Beständen.

Das vorgeschlagene Konzept erlaubt nicht nur die auf objektiven Daten basierende Bewertung unterschiedlicher Bewirtschaftungsformen, sondern bietet auch die Möglichkeit, Waldbesitzer gemäß ihrer Erfolge zu honorieren. Dazu schlägt das Expertenteam sogenannte Waldleistungsprämien vor, die sich auf die Gewährleistung der Funktionen Kühlung, Vitalität, Biomasse und Strukturvielfalt konzentrieren. Die Lenkungswirkung dieses neuartigen Prämiensystems ergebe sich daraus, »dass Waldbesitzer*innen mit realen, bislang nicht vom Markt vergüteten Ökosystemleistungen Einnahmen erzielen können, die auf Grundlage objektiver Daten transparent errechnet werden. Da das jeweils aktuelle Ausmaß von Leistungen und Leistungsfähigkeit honoriert wird und nicht etwa schwer kontrollierbare Maßnahmen oder Intentionen, gibt es keine Möglichkeit, sich Leistungen unrechtmäßig vergüten zu lassen.«

Begünstigt werden nach diesem Belohnungssystem die Eigentümer von Wäldern, die sich durch überdurchschnittliche Indikatorwerte, gemessen am Durchschnitt der Waldflächen im Referenzgebiet, auszeichnen. Je weiter die dort erfassten Zahlen über dem Durchschnitt liegen, umso üppiger fallen die Vergütungen aus: »Die Höhe der Prämien muss im Kontext der Mittelverfügbarkeit ausgehandelt werden – allerdings soll die Förderung derartig ausfallen, dass sie auch von Waldbesitzenden angenommen wird und eine Lenkungswirkung entfalten kann«, fordern die Autoren.[156] Eine besondere Vergütung ist in diesem Konzept für private Waldbesitzer vorgesehen, die komplette Bestände durch Windwurf und Käferfraß verloren haben. So kann man diese für das Unterlassen von Maßnahmen zur Wiederaufforstung mit einer Regenerationsprämie honorieren, um dadurch eine natürliche Wiederbewaldung zu ermöglichen.

Der Wald ist keine »eierlegende Wollmilchsau«: Er kann nicht alle ökologischen, sozialen und wirtschaftlichen Leistungen zugleich erfüllen. Für eine optimale Trinkwasserversorgung, den Schutz bedrohter Arten oder als Ort der Erholung ist ein anderer Waldbau notwendig als für eine hohe Holzproduktion. Daher sollten in einer Waldfunktionsplanung die vorrangig erwünschten Aufgaben unserer Wälder – etwa der Lawinen-, Boden-, Klima- oder Wasserschutz – festgelegt und ihre Bewirtschaftung entsprechend angepasst werden (Bild: Georg Meister).

Die Belohnung einer nachweislich erfolgreichen ökologischen Waldbewirtschaftung sowie die Unterstützung von infolge Schadereignissen existenziell betroffenen privaten Waldbesitzern werden enorme Summen Geld kosten. Sie sind jedoch deutlich sinnvoller und nachhaltiger als eine unspezifische »Klimaleistungsprämie«, wie sie die Arbeitsgemeinschaft Deutscher Waldbesitzerverbände, kurz AGDW, unter dem Motto »Wald ist Klimaschützer« fordert: Demnach sollen Privatleute für jeden Hektar ihres Waldes pro Jahr einen Betrag von zunächst 112,50 Euro erhalten, der bis 2025 auf knapp 250 Euro ansteigt. Geplant ist eine Finanzierung dieser Prämie durch die 2021 eingeführte Kohlendioxid-Abgabe, die Emittenten für jede freigesetzte Tonne des Treibhausgases mit einem festgelegten

Preis belastet. »Mit dem Einstieg in eine CO_2-Bepreisung ist es logisch und gerecht, dass auch die CO_2-Speicherung einen Preis erhält. Als größte CO_2-Senke überhaupt ist die Forstwirtschaft ›Stakeholder Nummer 1‹ in Sachen Klimaschutz des Landes«,[157] konstatiert Max von Elverfeldt, der als Vorsitzender der »Familienbetriebe Land und Forst« private Waldbesitzer in Nordrhein-Westfalen und im Bund vertritt. Ins selbe Horn bläst AGDW-Präsident Hans-Georg von der Marwitz, dessen Bundesverband die Anliegen von rund zwei Millionen Waldbesitzern in Deutschland repräsentiert: »Die Waldeigentümer bewirtschaften ihre Wälder nachhaltig und generationenübergreifend. Das ist aktiver Klimaschutz, der allen Menschen zu Gute kommt. Diese Leistung muss honoriert werden, damit die Waldeigentümer auch in Zukunft für die Stabilisierung und Klimafestigkeit der Wälder sorgen können.«[158]

Naturschutzverbände bemängeln hingegen, die geforderte Vergütung berücksichtige »weder die unterschiedlichen regionalen standörtlichen Ausgangsbedingungen noch die unterschiedlichen Maßnahmen der jeweiligen Waldbesitzenden«.[159] Daher befürchtet NABU-Waldexperte Stefan Adler: »Die derzeitige Forderung des Waldbesitzerverbandes würde wie in der Landwirtschaft zu einer pauschalen Flächenförderung nach dem Gießkannenprinzip führen«,[160] die wir uns als Gesellschaft jedoch nicht leisten können. An ihre Stelle sollte eine Förderung nach dem Leistungsprinzip treten, welche den nachweislich erfolgreichen Waldumbau hin zu klimatauglichen Mischwäldern honoriert. Auch die Forstminister fordern eine massive Unterstützung der Waldbesitzer. Der Bund ist dazu angehalten, innerhalb von vier Jahren 800 Millionen Euro an zusätzlichen Finanzmitteln zur Räumung der Schadensflächen und für die Wiederbewaldung bereitzustellen.

»Das schließt die Etablierung von nicht heimischen, an den Klimawandel angepassten, neuen Baumarten ein«, heißt es in der *Moritzburger Erklärung* vom 9. August 2019. Neben Douglasien, Küstentannen oder Roteichen, die bereits mehr oder weniger lange auf deutschem Boden wachsen, haben Forstleute zwei Dutzend weitere Arten im Visier, zum Beispiel Atlaszeder, Orientalische Buche, Ungarische Eiche, Japanlärche oder Türkische Hasel. Die Forstliche Versuchs- und Forschungsanstalt Baden-Württemberg, kurz FVA, beschreibt diese in aus-

Die staatliche Subventionierung und steuerliche Begünstigung von Waldbesitz muss neu geregelt werden. Bislang bietet die öffentliche Förderung keinen Anreiz zum Aufbau resilienter und klimaplastischer Mischwälder. So werden Einkünfte aus Holz, das nach Stürmen, Waldbränden oder sich anschließendem Schädlingsbefall anfällt, derzeit geringer besteuert als die aus planmäßigen Einschlägen. Dies hat in der Vergangenheit vielfach zu naturfernen Zusammensetzungen von Baumarten etwa in Fichten- oder Kiefern-Reinbeständen geführt und den Aufbau resilienter, gemischter Dauerwälder stark behindert: Denn die Waldbesitzer konnten dank staatlicher Unterstützung mit diesen instabilen Beständen selbst dann noch Gewinne erzielen, wenn sie Holz nach einer Kalamität viel zu früh ernten und verkaufen mussten. Es wäre zielführender, die Waldbesitzer durch eine deutliche und dauerhafte Förderung für ihre bereits erbrachten Leistungen zum Aufbau und Erhalt von Mischwäldern zu belohnen. Entsprechende Förderkonzepte können sich am Landbau orientieren: Landwirte erhalten für die ökologische Bewirtschaftung ihrer Flächen 200 bis 300 Euro je Hektar und Jahr. Ein speziell für den Wald erarbeitetes Prämiensystem wurde an der Hochschule für nachhaltige Entwicklung in Eberswalde entwickelt; es ist in diesem Kapitel genauer beschrieben. Da sich die herkömmliche Maßnahmenförderung als ineffektiv erwiesen hat, sollte sie von einer Zustandsförderung abgelöst werden: Diese könnte mehr Waldbesitzer dazu motivieren, auf den gewünschten Waldzustand hinzuarbeiten. Außerdem müssen staatliche Nothilfen für Privatleute, deren Waldbestände großflächig abgestorben sind, mit strengen Auflagen und langen Bindungszeiten einhergehen.

führlichen »Steckbriefen«, samt einer Risikobewertung über ihre vermeintliche Widerstandskraft gegenüber Trocken- und Hitzestress oder Schadinsekten. Die Eigenschaften werden dann mit »klimasensitiven Baumarteneignungskarten« abgeglichen, welche die künftigen Witterungs- und Wachstumsbedingungen in Deutschland widerspiegeln sollen. Für die einheimischen Arten gibt das sechsköpfige Expertenteam der FVA düstere Prognosen ab: »In einer landesweiten Bilanzierung dieser klimasensitiven Baumarteneignungskarten zeigte sich für die vier Hauptbaumarten Fichte, Buche, Tanne und Traubeneiche, dass die Eignung selbst bei optimistischen Grundannahmen bezüglich der klimatischen Veränderungen bei allen Arten abnehmen wird.«[161] Besonders betroffen seien demnach Fichten, doch auch bei Buchen, Tannen und Traubeneichen schwinde die Fähigkeit, sich unter den Bedingungen der Erderwärmung zu bewähren. »Führt man sich die heftigen Änderungssignale vor Augen, dann wird dringender Handlungsbedarf offensichtlich«, schreiben die Autoren und propagieren die Pflanzung von »alternativen Baumarten, die besser an die zukünftigen klimatischen Verhältnisse in Baden-Württemberg angepasst sind«. Außerdem halten sie es für »denkbar, dass durch die Verwendung besser klimaangepasster Herkünfte, Ökotypen oder Varietäten die gegenwärtigen Hauptbaumarten auch weiterhin Hauptbaumarten bleiben«.[162]

Ökotypen oder Varietäten spiegeln die genetische Vielfalt wider, mit der sich ein und dieselbe (Baum-)Art an die kleinräumigen ökologischen Bedingungen in den unterschiedlichen Regionen ihres Verbreitungsgebietes anpassen kann. Zum Beispiel kommen im schneereichen Hochgebirge besonders schlanke, hochwüchsige Fichten besser durch den Winter als solche mit weit ausladenden Ästen, die unter den Schneemassen zusammenbrechen. Im Flachland haben dagegen Bäume mit anderen Eigenschaften Vorteile im evolutionären Überlebenskampf, die sie an die nächste Generation weitergeben. Je nach Herkunft verfügen also bestimmte Individuen einer Art über jeweils andere Merkmale; daher spricht man auch von »Herkünften«. Diese haben sich im Laufe der Jahrmillionen herausgebildet und in Regionen mit ähnlichen Standortbedingungen verbreitet. Mit dem Tempo des Klimawandels kann der natürliche Prozess aber nicht mithalten. Deshalb wollen einige Forstleute die Ausbreitung von Ökotypen aus Regionen forcieren, in denen

Im Hochgebirge heimische Fichten haben als Anpassung an die schneereichen Winter in ihrem Lebensraum eine besonders schlanke Wuchsform mit wenig ausladenden Ästen ausgebildet, um nicht unter der Last der Schneemassen zusammenzubrechen (Bild: Georg Meister).

es schon vor dem Klimawandel heißer und trockener war als bei uns. Nach dem Konzept der vom Menschen unterstützten Wanderung – Wissenschaftler sprechen von »assistierter Migration« – könnte man beispielsweise Eichen aus Griechenland oder Frankreich in jenen Gegenden Deutschlands anpflanzen, in denen wahrscheinlich bald ein ähnlich trocken-heißes Klima herrschen wird wie am Mittelmeer.

Besorgte Waldbesitzer reichern ihre Bestände mit einzelnen fremdländischen Bäumen an, um angesichts ungewisser künftiger Witterungsverhältnisse einen möglichst vielfältig gemischten Wald zu schaffen. Eine flächige Einführung exotischer Baumarten hält Erwin Hussendörfer, Professor für Waldbau an der Hochschule Weihenstephan-Triesdorf, für ebenso wissenschaftlich unausgegoren und potenziell so gefährlich wie die »assistierte Migration« von Herkünften europäischer Baumarten. Er fürchtet, dass bei der Auswahl der wirtschaftliche Erfolg – sprich die Fähigkeit, gutes Holz in großer Menge zu liefern – im Vordergrund stehe. Denn es seien genau solche Erwägungen gewesen, die in der Vergangenheit zur naturfernen Aufforstung von Nadelhölzern geführt haben: »Unter dem Deckmantel einer standortgerechten Baumartenwahl wurde das Baumartenspektrum in den meisten Wirtschaftswäldern auf Baumarten reduziert, von denen man eine hohe Wirtschaftlichkeit erwartete. Die ›Brotbaum‹-Arten Fichte und Kiefer sind daher nach wie vor die Baumarten mit den höchsten Anteilen in deutschen Wäldern, ein standortgerechter Kniefall vor dem Verlangen der Großsägeindustrie.«[163]

Nach Ansicht Hussendörfers verdanken wir dem großflächigen Anbau von Nadelforsten einen wichtigen Erkenntnisgewinn: »Über 600 Jahre fand für diese Baumarten eine vom Menschen unterstützte Migration auf riesiger Fläche in Europa, an den unterschiedlichsten Standorten, mit den unterschiedlichsten Ökotypen und deren Mischungen statt. Der Anbau erfolgte bis zu Beginn des 20. Jahrhunderts fast ausschließlich durch Saatgut und ermöglichte dadurch aus populationsgenetischer Sicht vorteilhafte lokale und kleinstandörtliche Selektions- und Anpassungsprozesse unmittelbar am späteren Wuchsort. Dennoch: Bereits vor, aber insbesondere mit dem Klimawandel haben gerade für diese Baumarten wiederholt natürliche Störungsereignisse wie Stürme oder Insektenkalamitäten die Grenzen und Schwachstellen dieser menschlich unterstützten Migration aufgezeigt.«[164] Sein Fazit: Wenn schon dieses sechs Jahrhunderte währende Großexperiment gescheitert ist, erscheint es mehr als fraglich, ob die »assistierte Migration« europäischer Herkünfte – geschweige denn der Import fremder Baumarten aus Übersee! – zu einem ökologischen oder gar wirtschaftlichen Erfolg führen kann.

Wichtige Erkenntnisse liefern Erfahrungen mit bereits seit Längerem eingeführten fremden Baumarten wie der Douglasie. Wie versteinerte Zapfen aus der Oberlausitz belegen, war dieser Nadelbaum bis zur letzten Eiszeit auch in unseren Wäldern heimisch;[165] heute wächst er von Natur aus nur in Nordamerika. Bei

Im Nationalpark Bayerischer Wald sind die dort natürlicherweise zahlreichen Fichten nach massivem Borkenkäferbefall auf großer Fläche abgestorben. In dem Schutzgebiet lässt sich beobachten, wie sich der Wald ohne Eingriffe des Menschen aus eigener Kraft regeneriert: Pionierpflanzen, allen voran das rosa blühende Waldweidenröschen, besiedeln die lichten Flächen und verhindern eine Erosion des Waldbodens. In ihrem Schutz keimen angeflogene Samen einer Vielzahl von Gehölzen aus und wachsen zu einem neuen, artenreichen Wald heran. In Zeiten des Klimawandels müssen wir die effizienten Resilienz- und Selbstheilungskräfte der Natur erforschen und zur Rettung unserer Wälder nutzen (Bild: Georg Meister).

den hierzulande angepflanzten Douglasien fällt die Vielfalt an Mykorrhiza-Pilzen, welche in Symbiose mit den Baumwurzeln leben, geringer aus als in naturnah gemischten Beständen.[166] Offensichtlich bevorzugt die Baumart bestimmte Pilze auf Kosten anderer – und verändert so das Gefüge heimischer Lebensgemeinschaften, die sich über wechselseitige Anpassungen während langer Zeiträume entwickelt haben. Gräser und Kräuter existieren sogar noch länger als die Bäume in enger Symbiose mit Mykorrhiza-Pilzen: Die weltweit ältesten Fossilfunde solcher Gemeinschaften sind rund 460 Millionen Jahren alt.[167] Unsere Bäume könnten ohne symbiontische Pilze, die ihnen Nährsalze sowie Wasser liefern und so ihre Überlebensfähigkeit gerade in Stresssituationen sichern, nicht bestehen. Als Gegenleistung leiten die Bäume 20 bis 30 Prozent der Kohlehydrate, die sie durch Fotosynthese produzieren, an die Wurzelpilze weiter.[168]

Auch beim Auskeimen sind unsere Bäume auf »ihre« Pilze angewiesen. Entscheidend ist, dass die Baumsämlinge die zu ihnen passenden Pilzpartner finden – und das wird umso wahrscheinlicher, je mehr der Herkunftsort der Samen mit dem gewünschten Wuchsort übereinstimmt. Das zeigte sich eindrucksvoll auf Kahlflächen im nördlichen Schwarzwald: »Tannensaatgut aus Südosteuropa keimte trotz standardisierter Vorbehandlung höchst signifikant weniger als regionales Saatgut. Offensichtlich konnten [die Keimlinge] die ›fremde‹ Mykorrhiza nicht gewinnbringend nutzen«, stellt Erik Hussendörfer fest und bemängelt: »Dieser wichtige Aspekt fehlt bei allen Strategien der Baumartenwahl im Klimawandel bisher vollständig: Alle Ansätze verschieben bislang nur Baumarten, aber keine funktionalen Waldlebensgemeinschaften.«[169] Der Experte ist überzeugt, dass unsere Wälder nicht durch neue »Wunderbäume« klimaplastisch werden. Vielmehr hilft ihnen dabei ihre über Hunderte oder Tausende von Jahren gesammelte »Lebensgemeinschaftserfahrung«, die in ihrem Erbgut gespeichert ist: »Aus Sicht der ökologischen Genetik weisen heimische Waldlebensgemeinschaften noch große Potenziale in ihrem genetischen System auf, um auch im Klimawandel anpassungs- und überlebensfähig zu bleiben. Diese Potenziale dürfen nicht durch eine unkontrollierte Einbringung nicht heimischer Baumarten oder Herkünfte geschwächt werden, sondern müssen im Sinne einer auch genetischen Nachhaltigkeit gesichert und genutzt werden«, mahnt Hussendörfer.[170]

Auf großflächigen Kalamitätsflächen muss die Resilienzvegetation zur natürlichen Regeneration des Waldes gefördert werden. Die schnelle Räumung und Neubepflanzung von Kalamitätsflächen erschwert und verzögert das Aufwachsen gesunder Wälder. Denn die dazu eingesetzten starken Maschinen schädigen und verdichten den Boden. Das flächige Abholzen der infolge von Käferfraß abgestorbenen Bäume sowie die Entnahme der vom Wind umgeworfenen Hölzer verstärken diesen Prozess und befördern zudem Austrocknung und Humusschwund. Das alles ließe sich vermeiden, könnten die natürlichen Resilienzkräfte des Waldes ungestört wirken. Angesichts der derzeitigen Wildbestände vermag auf den Kahlflächen meist nur eine artenarme Krautschicht aus schwer verdaulicher Kraut- und Grasvegetation aufzuwachsen. Daher muss unbedingt die Wilddichte abgesenkt werden. Nur so kann sich eine artenreiche Kraut- und Strauchvegetation aus eigenen Kräften ansamen und aufwachsen, wie es innerhalb wildabweisender Zäune regelmäßig zu beobachten ist. Eine besondere Rolle spielt dabei das Waldweidenröschen (siehe S. 33 ff.). Die Resilienzvegetation muss gefördert oder sogar durch die Aussaat der entsprechenden Pflanzensamen, per Hand oder mithilfe von Drohnen, unterstützt werden. Das vorläufige Ziel besteht darin, den Humus zu erhalten und den Boden natürlicherweise zu düngen. Im Schatten dieser etwa 20-jährigen Zwischengeneration kann daraufhin ein neuer langlebiger Wald aufwachsen. Durch ein derartiges Vorgehen ist der Aufbau klimaplastischer Wälder mit einem viel geringeren Mittelaufwand als bisher mit Räumung, Pflanzung und Schutz junger Bäume möglich. Private Waldbesitzer können durch eine »Regenerationsprämie« (siehe S. 126) zum Verzicht einer maschinellen Räumung und künstlichen Aufforstung bewogen und für entgangene Erlöse aus dem Verkauf des Schadholzes entschädigt werden.

Damit dieses Potenzial erhalten bleibt und sich entfalten kann, drängen Naturschutzverbände wie BUND und NABU darauf, einen Teil unserer Wälder nicht mehr forstwirtschaftlich zu nutzen und stattdessen die Natur walten zu lassen. Dieses Nicht-Eingreifen in natürliche Prozesse nennt man, wie oben bereits angedeutet, Prozessschutz: Im Naturwald ermöglicht selbiger »ohne Pflanzungen, Durchforstungen oder Baumfällungen die Etablierung neuer genetischer und auch epigenetischer Varianten, die an die tatsächlichen neuen Umweltbedingungen angepasst sind«, so Mark Harthun, Leiter des Fachbereichs Naturschutz beim NABU Hessen. »Damit können Wildnisgebiete eines Tages die Antworten geben auf die derzeit herrschende Ohnmacht der Forstwirtschaft gegenüber den zunehmenden Trockenheits- und Hitzeperioden.«[171]

Bis heute stehen nur 2,8 Prozent unserer Wälder dauerhaft unter Schutz – obwohl die Bundesregierung schon im Jahr 2007 beschlossen hatte, fünf Prozent des deutschen Waldes nicht mehr wirtschaftlich zu nutzen, wie dies beispielsweise in den Nationalparks die Regel ist. Hans Bibelriether setzt sich dafür ein, sogar zehn Prozent der öffentlichen Waldfläche der Natur zu überlassen.[172] Die übrigen 90 Prozent angemessen zu bewirtschaften sei Herausforderung genug.

In der Debatte über klimataugliche Wälder kaum oder gar nicht thematisiert wird die Rolle der Jagd. Dabei bestimmt der Wildbestand maßgeblich den Zustand unserer Wälder, wie die Bundeswaldinventur belegt. Diese dokumentiert nicht nur quantitative Daten über das Alter und die Verteilung der Baumarten, sondern auch die von Rehen und Hirschen verursachten Schäden. Von den stichprobenartig erfassten 20 bis 130 Zentimeter großen Bäumchen, die ohne Zaun oder andere Schutzmaßnahmen hochgewachsen sind, weisen viele erhebliche Defizite auf: 43,3 Prozent der Eichen, 17,3 Prozent der Buchen und 42,4 Prozent der anderen Laubbäume mit hoher Lebensdauer sowie jeweils rund ein Viertel der Tannen und Kiefern wurden einfach oder mehrfach über einen längeren Zeitraum verbissen. Von den Bäumen ab einem Stammdurchmesser von sieben Zentimetern zeigten jede dritte Fichte, außerdem jeweils 14 bis 16 Prozent der Lärchen, Kiefern und Douglasien sowie neun Prozent der Buchen Schälschäden durch Rotwild.[173] Wie ein Vergleich mit der zehn Jahre zuvor erfolgten Inventur zeigt, stieg der Anteil der verbissenen Bäume bei allen Baumarten deutlich an, bei Tannen und Buchen fast auf das Doppelte.[174]

Am 18. Januar 2007 verursachte der Orkan »Kyrill« immense Sturmschäden im Wald; allein in Bayern fielen vier Millionen Festmeter Holz an. Besonders schlimm traf es reine Nadelholzbestände – so auch im Nationalpark Berchtesgaden, wo einst am Königssee natürlicher Bergmischwald durch Fichtenmonokulturen ersetzt worden war. In bewirtschafteten Wäldern begann man sofort mit der Räumung und Neubepflanzung der Wurfflächen. Im Nationalpark ließ man dagegen die Natur walten. Zunächst tötete der Borkenkäfer die vom Sturm gebrochenen Fichten. Danach wuchs von alleine eine Vielzahl von Baumarten auf, die heute, 26 Jahre nach dem Orkan, wieder einen jungen Bergmischwald bilden (Bild: Monika Offenberger).

Diese Entwicklung behindert das so dringend erforderliche Aufwachsen gemischter Laubwälder. Vor allem die Tanne wird »in Zeiten des Klimawandels eine wichtige Rolle spielen«,[175] betonen etwa die Bayerischen Staatsforsten und haben daher eine »Tannenoffensive« gestartet, um den Anteil der Baumart im Gebirge von derzeit rund zwei Prozent »auf über zehn Prozent bis 2050 zu steigern. Wir werden dafür die Investitionen für Tannenpflanzungen, Pflege und Schutz von derzeit jährlich rund drei Millionen Euro schrittweis auf fünf Millionen Euro steigern«, lautet ihre Willensbekundung. Die Ursache für den Rückgang der Tanne – sie steht mittlerweile auf der Roten Liste der bedrohten Pflanzenarten! – findet mit keinem Wort Erwähnung. Tatsächlich liegt ihr jedoch eine ungebremste Zunahme des Wildbestandes zugrunde, die sich auch in steigenden Jagdstrecken widerspiegelt: So wurden in der Jagdsaison von 2018 auf 2019 insgesamt 77 212 Rothirsche erlegt, das sind 23 971 Tiere oder 31 Prozent mehr als 18 Jahre zuvor; beim Rehwild stieg die Strecke im selben Zeitraum um 135 209 auf gut 1,2 Millionen Tiere an.[176]

Die ökologische Dimension dieser überhöhten Schalenwildbestände hatte der Bundestag bereits 1994 erkannt, als er feststellte, dass Wildschäden »insofern klimarelevant sind, als daß sie zur Destabilisierung der Waldökosysteme und damit einer Verringerung der Anpassungsfähigkeit an künftige Klimaänderungen führen«.[177] Umso befremdlicher ist es, dass die Themen Jagd und Wild in der akademischen Debatte regelrecht ausgeklammert werden. Der Wissenschaftliche Beirat für Waldpolitik beim BMEL benennt diesen Konflikt dagegen klar und deutlich: »Die Schalenwildbestände sind weiter angestiegen und mit ihnen die Jagdstrecken und die Wildschäden. Dies ist eine Folge der Eutrophierung der Ökosysteme, des vermehren Anbaus von Mais, von mehr Deckung in Feld und Wald sowie unterschätzter Zuwachsraten, einem überholten Revier- und Prestigedenken sowie geringerer Fallwildzahlen durch mildere Winter. Neu hinzugekommen sind häufiger auftretende Extremwetterlagen mit ihren Folgeerscheinungen nach Stürmen, Dürren, Befall durch pilzliche Pathogene und Insektenmassenvermehrungen […]. Dadurch sind vielerorts lichtere Bestandesstrukturen entstanden, die sich häufig mit Mischbaumarten natürlich verjüngen würden. Der hohe selektive Fraßdruck auf Baum- und Straucharten verhindert aber in der Regel eine natürlich Verjüngung vieler Baumarten bzw. erfordert teure Schutzmaßnahmen […]. Dies gilt besonders für die Eichenarten, die gerade im Klimawandel von besonderem Interesse wären.«[178] An dem »Sachverhalt, dass Jagd ein sehr emotionales Thema ist«, habe sich nichts geändert: »Nur langsam sickern abgesicherte Erkenntnisse aus der Wissenschaft in die jagdliche Praxis und die Gesetzgebung ein.«[179]

Aus dieser treffenden Analyse folgert das Expertenteam, »dass Jagdgesetzgebung und Jagdpraxis auch eine Anpassung der Wälder an den Klimawandel durch aktiven Waldumbau ermöglichen müssen und dass Maßnahmen zum Schutz

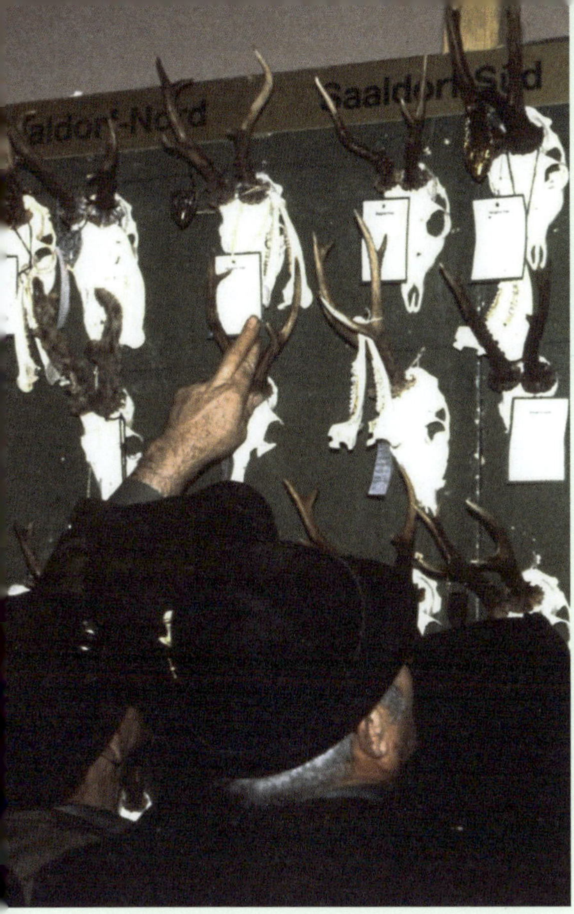

Wer hat welche Trophäe erlegt? Das ist Gesprächsthema Nummer eins auf den Hegeschauen. Begründet wird deren Notwendigkeit damit, dass man anhand des Gehörns die körperliche Verfassung des Wildes beurteilen könne. Tatsächlich besteht beim Rehwild jedoch kein direkter Zusammenhang zwischen Gehörn und Körpergewicht des Bocks, noch weniger lässt sich der Zustand der Population am Kopfschmuck einzelner männlicher Tiere ablesen. Doch wer starke Trophäen vorzuweisen hat, gilt als exzellenter Jäger. Daher dienen die 1937 von Reichsjägermeister Hermann Göring eingeführten Trophäenschauen vor allem der Selbstdarstellung. Während sie in den meisten Bundesländern abgeschafft wurden, sind sie in Bayern noch immer gesetzliche Pflicht (Bild: Georg Meister).

Eine junge Fichte ist mit Schafswolle umwickelt worden, um sie vor Wildverbiss zu schützen. Doch die Maßnahme zeigt keine Wirkung: Offenbar ist die Wilddichte in diesem Wald derart hoch und die Nahrung so knapp, dass die Rehe selbst die wegen ihrer spitzen Nadeln verschmähten Fichtentriebe fressen (Bild: Georg Meister).

Weil der Aufbau resilienter Wälder nicht ohne eine Anpassung der Schalenwildbestände zu erreichen ist, müssen jagdliche Hemmnisse abgebaut werden. Derzeit sind 99 Prozent der Waldeigentümer von der Jagd auf eigenem Grund und Boden ausgeschlossen, da ihre Waldflächen unter der hierfür festgelegten Mindestgröße liegen. Stattdessen gehören sie zwangsweise Jagdgenossenschaften an und können dadurch kaum beeinflussen, wie die Bejagung auf ihrem Eigentum durchgeführt wird. Die Mindestgröße muss daher auf zehn Hektar gesenkt werden, damit künftig auch kleine Waldbesitzer in der Lage sind, die Jagd in eigener Regie und nach ihren ökonomischen und ökologischen Zielen auszuüben. Der Paragraph 32 Bundesjagdgesetz ist ersatzlos zu streichen, da er die Artenverarmung zugunsten von Nadelhölzern fördert (siehe S. 94). Zudem müssen die in Bayern verpflichtende Präsentation der Gehörne und Geweihe von Rehböcken und Hirschen auf Trophäenschauen, offiziell Hegeschauen genannt, abgeschafft werden, wie in allen anderen Bundesländern geschehen. Sie dienen in erster Linie der Zurschaustellung von Jagdtrophäen, um das persönliche Prestige des »Erlegers« zu steigern. Die Behauptung, man könne am Gehörn männlicher Tiere den Zustand der Population ablesen, ist wissenschaftlich widerlegt. Trophäenschauen sollten daher entweder nur noch auf freiwilliger Basis genehmigt oder zu »Umweltschauen« mit umfassender Information über die Entwicklung des Waldes auf der Revierebene umgestaltet werden.

Weiter gelten derzeit für die einzelnen Wildarten unterschiedliche Schusszeiten. Das Jagdgeschehen beunruhigt aber alle Wildarten gleichermaßen, auch jene, die gerade Schonzeit haben. Daher müssen insbesondere im Spätherbst und Frühwinter die Schusszeiten für alle Schalenwildarten vereinheitlicht werden, wie es in einigen Landesjagdgesetzen bereits weitgehend geschehen ist. Als erfolgversprechend haben sich Bewegungsjagden (siehe Kasten S. 156) herausgestellt, da diese das Wild nur kurzzeitig stören und dennoch recht effizient vonstattengehen. Dabei kann es vorkommen, dass jagende Hunde die Reviergrenzen überschreiten. Ein solches »Überjagen«

sollte nach vorheriger Information der Reviernachbarn durch eine Duldungspflicht in den Landesjagdgesetzen ermöglicht werden.

Schließlich muss die sogenannte Jagdabgabe zweckgebunden zu verwenden sein. Diese Zwangsabgabe erhebt der Staat von jedem Jagdscheininhaber und reicht sie zum Teil an die Jagdverbände weiter. Bislang wird der Großteil der Gelder für die Öffentlichkeitsarbeit insbesondere der Landesjagdverbände verwendet. Das ist eine für deutsche Maßstäbe ungewöhnliche Bevorzugung einer einzelnen Interessengemeinschaft. Nur kleine Summen fließen in Untersuchungen zu Fragen der Wildbiologie oder der Jagdmethoden. Die Mittelverwendung sollte jedoch vorrangig auf Forschungs- und Bildungsvorhaben über klimaplastische Wälder mit angepassten Wildbeständen abzielen.

Solange die Jagdausübung nicht den Grundsätzen eines effizienten Wildtiermanagements folgt, kann sich der Wald nicht aus eigener Kraft verjüngen. Selbst wo genügend junge Bäumchen aus angeflogenen Samen ausgekeimt und aufgewachsen sind, werden sie nicht groß: Durch anhaltenden Verbiss verkrüppeln sie wie die Weißtannen im Bild und sterben schließlich nach jahrelangem Überlebenskampf ab (Bild: Georg Meister).

vor Verbiss-, Schäl- oder Schlagschäden nur die Ausnahme bilden dürfen«. Die 15 Mitglieder des Wissenschaftlichen Beirats, allesamt hochrangige Akademiker der Forst-, Umwelt- und Lebenswissenschaften, konstatieren, »dass die Mischwaldmehrung eine probate Maßnahme ist, um unsere Wälder besser auf die Herausforderungen durch den Klimawandel vorzubereiten«. Trotzdem seien »die Verjüngungssituationen vielerorts immer noch weit von diesem Ziel entfernt«. Warum sich das Problem über Jahrzehnte nicht lösen lässt, wird ebenfalls klar benannt: »Ein zentrales Hindernis für ein effizientes Wildtiermanagement zur Verbesserung der Verjüngungssituation im Wald ist die Tatsache, dass die Jagdausübung vielfach in der Hand von Jägern liegt, die bei der Jagd Entspannung vom beruflichen Alltagsstress und Erholung in der Natur suchen und dem Waldzustand gegenüber der Jagd keinen Vorrang einräumen. Diese Ausrichtung wird durch Lücken in der heutigen Jagdgesetzgebung erst ermöglicht [...]. Diese basiert in ihrer Ausrichtung nach wie vor auf Anliegen des Reichsjagdgesetzes aus dem Jahre 1934, das weder wichtige wildbiologische Zusammenhänge, Tierschutzaspekte, Biodiversitätsanliegen noch effiziente Kontrollen der Wildtierbestände kannte, sondern die Hege und den Aufbau attraktiver Wildtierpopulationen anstrebte. Hier muss es zu einer grundlegenden Neuausrichtung kommen, die die heutigen Erkenntnisse des Tierschutzes, der Wildbiologie, der Waldökologie und eines effektiven Wildtiermanagements zeitgemäß und differenziert berücksichtigt.«[180]

Die Schäden durch Wild sind gravierend, denn sie führen – auch das wird vom Beirat deutlich ausgesprochen – zu Qualitätsverlusten, Entmischung der Baumarten bis hin zur Destabilisierung von Wäldern mit besonderen Schutzfunktionen wie beispielsweise Bergwäldern. Weiterhin stellt man fest, dass Wildschäden »anders als in der Landwirtschaft von den Jagdausübungsberechtigten meist nicht erstattet werden, sodass sie ihre Jagdkonzepte nicht auf eine Schadensminderung im Wald ausrichten. Um die verschiedenartigen Ziele von Waldeigentümern in Bezug auf die Jagd, vom Wald als Kulisse für Jagdfreuden bis hin zur Jagd als Instrument für eine artenreiche Waldverjüngung, befriedigen zu können, sollte man sich vom Leitbild eines mittleren Managements mit all den heute gebräuchlichen undefinierten Begriffen wie ›landeskulturelle Bedürfnisse‹, ›gesunder Wildbestand‹, ›ausgeglichenes Geschlechterverhältnis‹ verabschieden und diese durch moderne

Ziele aus Erkenntnissen der Wildbiologie, des Tierschutzes und der Waldökologie ersetzen.«[181] Weiter heißt es: »Die Lösung der Wald-Wild-Problematik erfordert ein konzertiertes Handeln von Waldeigentümern, Jagdausübungsberechtigten und Jagdbehörden. Dafür sind bundesweit Änderungen in der Jagdgesetzgebung erforderlich.« Die im Anschluss vorgeschlagenen Maßnahmen sollten unterstützt werden.[182]

Auf einen Sinneswandel in der bis heute konservativ ausgerichteten Jägerschaft ist nicht zu hoffen. Es fehlt unverändert an der nötigen Einsicht, dass die traditionelle Schalenwildhege der Entwicklung klimatoleranter Wälder entgegensteht. Stattdessen wird die alte Leier von einem »Wald ohne Wild« bemüht, die bei vielen Laien immer noch verfängt. Die gebetsmühlenartig vorgebrachte Falschbehauptung, das Wild stünde kurz vor der Ausrottung, zeugt von einer Fixierung auf einige wenige ausgewählte Tierarten und missachtet die übrige Artenvielfalt unserer Wälder, die so zur Kulisse der Jagd degradiert werden. Nur wenn diese als Wildtiermanagement statt als Freizeitvergnügen begriffen wird, sind unserer Wälder noch zu retten. Das belegen die beispielhaft geführten Betriebe, um die es im folgenden Kapitel geht: Sie konnten sich nur durch eine konsequente Umstellung des Jagdkonzeptes zu artenreichen Mischwäldern entwickeln, wie wir sie in Zeiten des Klimawandels so dringend brauchen.

Mit gutem Beispiel voran

Acht vorbildlich bewirtschaftete Wälder

Nichts ist überzeugender als ein gutes Beispiel, das man aus erster Hand begutachten kann. Schon Aldo Leopold, der das von Alfred Möller erdachte Konzepte eines naturnah bewirtschafteten Dauerwalds von der Theorie her kannte, kam nach Deutschland, um einen solchen mit eigenen Augen zu sehen (siehe S. 78 ff.). Er fand ihn bei Neschwitz in der Oberlausitz: Dort hatte der mit ihm befreundete Arnold Freiherr von Vietinghoff-Riesch den rund 1000 Hektar großen Wald in Familienbesitz seit 1923, also acht Jahre vor Leopolds Besuch, nach Möllers Konzept bewirtschaftet. Als passionierter Ornithologe erkannte der Freiherr schon frühzeitig die immense ökologische Bedeutung der natürlichen Strukturen, die wir heute als Biotopbäume oder »Totholz« bezeichnen. Er war überzeugt, dass »auch Missbildungen, Krankheitserscheinungen und schwache Bestandsglieder« unbedingt »für die Erhaltung des Ganzen notwendig« seien: »Wo kein Zwiesel, kein Hexenbesen, kein blitzgetroffener, kein stammdürrer Baum […] geduldet wird, dort kann auch durch Liegenlassen von Abraum und Reisig […] nicht das erreicht werden, was erreicht werden muss: die Erhaltung der Naturkraft in ihrer Totalität.«[183] Damit geriet sein Betrieb zum Musterbeispiel für eine naturgemäße Wirtschaftsweise, die durch Naturverjüngung und das Belassen von »Totholz« den Umbau der vorherrschenden Kiefernforste in artenreiche Mischbestände ermöglicht.

Ähnliches vollzog sich parallel in Sachsen-Anhalt mit der Bärenthorener Kiefernwirtschaft. Das Revier war damals bereits 50 Jahre lang nach den Prinzipien des Dauerwaldes bewirtschaftet worden: Friedrich von Kalisch hatte es 1884 geerbt und sogleich die vormals praktizierte Kahlschlagwirtschaft eingestellt. Stattdessen ließ er nur ausgewählte große Stämme vorsichtig aus dem Kiefernbestand nehmen und sogar den Boden mit Reisig abdecken, um ihn vor Erosion zu schützen. Weltberühmt wurde sein Betrieb, als Alfred Möller durch aufwendige Erhebungen der Erträge vor und nach der Umstellung auf den Dauerwaldbetrieb auch die ökonomische Überlegenheit dieser ökologisch sinnvolleren Bewirtschaftungsform beweisen konnte.[184] Nachdem er seine Ergebnisse im Jahr 1920 als Buch veröffentlicht hatte, besuchten mehr als tausend Forstwissenschaftler aus allen Winkeln Europas den Dauerwald, um sich ein Beispiel daran zu nehmen.

Beispiele mit Vorbildfunktion sind heute nicht minder wichtig als damals. Deshalb sollen in diesem Kapitel acht beispielhaft bewirtschaftete Forstbetriebe aus ganz Deutschland vorgestellt werden: Sie sind teils in privatem, teils in kommunalem oder staatlichem Besitz und liegen in Bayern, Baden-Württemberg, Brandenburg, Thüringen, Rheinland-Pfalz und im Saarland. Alle diese Wälder befanden sich ursprünglich in einem schlechten Zustand, wurden aber im Laufe mehrerer Jahrzehnte wieder befähigt, zu artenreichen, sich selbst verjüngenden, widerstandsfähigen Mischwäldern heranzuwachsen. Häufig waren die dafür verantwortlichen Förster ihrerseits von beispielhaft geführten Wäldern inspiriert, die sie zuvor auf Exkursionen begangen und mit eigenen Augen inspiziert hatten. Insbesondere der Hatzfeld-Wildenburg'sche Betrieb in Rheinland-Pfalz und die Wälder der Familie von Rotenhan im bayerischen Rentweinsdorf wirkten begeisternd, ermutigend und regten zum Nachmachen an. Heute wollen diese engagierten und kundigen Förster mit ihren zugleich ökonomisch wie ökologisch und ästhetisch herausragenden Wäldern ein Beispiel geben, wie wir unsere Wälder retten können.

Vom Fichtenforst zurück zum Laubmischwald

Revier Schnebling, ein Kommunalwald in Oberbayern

Landsberg am Lech liegt im bayerischen Voralpenland, etwa 50 Kilometer westlich von München. Zum Sondervermögen der ländlichen Kleinstadt gehört ein Stadtwald, der auch ein gut 450 Hektar großes Revier namens Schnebling umfasst. Es steht 570 Meter über dem Meeresspiegel auf überwiegend nährstoff- und kalkreichen Verwitterungsböden, die sich aus den Gletscherablagerungen der letzten Eiszeit entwickelt haben. Mit ihrem feucht-kühlen Klima und einer Jahresdurchschnittstemperatur von 7,2 Grad Celsius ist die Gegend bestens für Wälder geeignet. Von Natur aus würden hier hochproduktive Buchen-Tannenwälder mit Edellaubbäumen und einzelnen Fichten wachsen sowie Weißsegge, Waldmeister, Hainsimse und Labkraut als typische Arten einer reichhaltigen Krautschicht den Boden bedecken, im Tannenwald der Bachtälchen ergänzt durch Schachtelhalm.

»Die effektive Bejagung des Rehwildes ist eine Daueraufgabe für alle ernsthaften Bemühungen um klimatolerante Wälder.«

Doch solche Naturwälder gab es hier lange nicht, denn sie wurden bis Ende des 18. Jahrhunderts durch allzu starke Holznutzungen ausgeplündert und bis auf wenige Restbestände vernichtet. Ab dem 19. Jahrhundert führte eine ausgeprägte Profitorientierung zum großflächigen Anbau schnellwachsender Fichten und Kiefern. Als Gerhard Gaudlitz im Sommer 1987 die Betriebsleitung übernahm, dominierten drei Arten das Waldbild in seinem Revier: Fichte, Reh und scharfkantiges Gras. Die Fichten wurden jeweils als gleich alte Bäumchen gesetzt. Neu bepflanzte

Flächen reihten sich an solche mit der nächsthöheren Altersklasse – von der »Dickung« über »Stangenholz« und »Baumholz« bis zum schlagreifen Altbestand, den man schließlich im Kahlschlag erntete. Die dort heimischen Rehe suchten Schutz in den Fichtendickungen, ähnlich wie Kühe im Stall – und die unmittelbar anschließenden Kulturflächen nutzten sie zur Äsung wie das Vieh den gefüllten Trog. Dank dieses »Stall-Trog-Effekts« vermehrten sich die Tiere prächtig. Die Jagdausübung war von der Stadt Landsberg an private Jäger verpachtet worden. Diese betrachteten den Wald ausschließlich als Kulisse für ihr Freizeitvergnügen und hatten es vor allem auf das Gehörn der Rehböcke abgesehen, das sie als Trophäen herzeigen und ausstellen konnten. Um möglichst viele Trophäenträger – sprich alte, starke Böcke – zu bekommen, wurden sehr hohe Rehbestände herangehegt, die entsprechende Mengen an Nahrung benötigten. Schon bald wuchs im

Die Luftaufnahme aus dem Jahr 1990 zeigt einen Fichten-Altersklassenwald mit seiner typischen Abfolge der Schlagreihen. An den etwa 100-jährigen Hochwald (rechter Bildrand) grenzen fünf Flächen an, die jeweils im Abstand von acht bis zehn Jahren kahlgeschlagen und anschließend mit jungen Fichten bepflanzt wurden: Das dichte Gras färbt die ersten beiden Flächen hell; nahe des Altbestandes liegen noch einige gefällte Fichten am Boden, links daneben sind deutlich die Pflanzreihen erkennbar. Weiter links schließen sich drei unterschiedlich alte, dichte Bestände aus jeweils gleichaltrigen Fichten an. Auf einer benachbarten Fläche bilden zugepflanzte Lärchen (Bildmitte oben; an den hellen Nadeln erkennbar) die einzige Abwechslung zu den Fichtenmonokulturen (Bild: Gerhard Gaudlitz).

Ein Blick in einen 30- bis 40-jährigen Fichtenreinbestand offenbart die Artenarmut dieser Waldform: Auf dem blanken Waldboden wächst kaum mehr als Moose und Sauerklee; die Fichtennadeln tragen, da sie nur sehr langsam verrotten, kaum zur Humusbildung bei und versauern überdies den Boden (Bild: Gerhard Gaudlitz).

Die Bodenaufnahme zeigt die Abfolge derselben Schlagreihen, beginnend mit dem völlig vergrasten Bestand der vor etwa acht Jahren gepflanzten Fichten. Etliche der teuer in Baumschulen vorgezogenen und mühsam gepflanzten Bäumchen sind vertrocknet; um die übrigen muss das üppige Gras, das sie zu ersticken droht, in aufwendiger Handarbeit mit Sicheln oder Sensen weggeschnitten werden. Zwar haben sich neben dem Gras auch Waldweidenröschen und zahlreiche weitere Pionierpflanzen angesamt, doch fallen diese zarten Kräuter bald der Überzahl an Rehen zum Opfer. Die nächstälteren Fichtenreihen (Bildhintergrund) wurden vor 16 respektive 24 Jahren gepflanzt und bilden inzwischen geschlossene Bestände, in denen das Gras nicht mehr hochkommt (Bild: Gerhard Gaudlitz).

Wald weniger nach, als die Rehe verbrauchten. Selbst mit ungeübtem Auge ließen sich die Folgen erkennen: Die an diesem Standort von Natur aus vielfältige Bodenvegetation aus Kräutern und Sträuchern war völlig abgefressen und deshalb vergrast. Nur einige wenige, hartkantige Gräser konnten sich auf den Schlagflächen behaupten, allen voran das Landreitgras.

Den erbärmlichen Waldzustand belegt ein amtliches Vegetationsgutachten für die Hegegemeinschaft, der das Revier angehört. Es wird im Turnus von drei Jahren von der Staatlichen Forstverwaltung erstellt und erfasst den Anteil der Pflanzen über 20 Zentimeter Höhe, die von Rehen durch Verbiss oder das »Fegen« des nachwachsenden Gehörns geschädigt waren. Im Jahr 1988 lautete das Ergebnis folgendermaßen: 100 Prozent der Eichen, 72 Prozent der Buchen, 76 Prozent der übrigen Laubbäume und sogar 54 Prozent der Fichten – welche die Rehe wegen ihrer spitzen Nadeln eigentlich verschmähen – wiesen entsprechende Schäden auf. Gerhard Gaudlitz, dem im Jahr zuvor die Leitung des städtischen Forstamts mit Schnebling und zwei weiteren Revieren übertragen worden war, wollte die dringend nötigen Veränderungen angehen. Doch diese sollten bald danach von allein eintreten – und zwar in einem Ausmaß, das selbst sehr tatkräftiges, planmäßiges waldbauliches Handeln nicht hätte erreichen können: In der Nacht auf den 1. März 1990 brach der Orkan »Wiebke« über den Stadtwald herein und knickte die Fichten wie Streichhölzer. »Sämtliche Renditeziele der bis dahin betriebenen Fichten-Reinbestandswirtschaft wurden innerhalb weniger Stunden buchstäblich vom Winde verweht. In meinem Revier war rund ein Fünftel der Gesamtfläche mit einem Schlag ohne Waldbestockung. Die fünffache Menge Holz eines normalen Jahreseinschlags lag am Boden«, so Gaudlitz.

Der Stadtrat sah sich auf unerwartete Art bestätigt: So konnte es mit dem ihm anvertrauten Wald tatsächlich nicht weitergehen. »Ich beriet mich mit einem befreundeten Kollegen, der im benachbarten Betrieb tätig war und die Verhältnisse schon länger beobachtet hatte. Er meinte, dass man aus dem Revier schon etwas machen könne – wenn die waldbaulichen und jagdlichen Strategien geändert würden«, berichtet Gerhard Gaudlitz. Dabei galt es zunächst herauszufinden, welche Art von Wald in diesem Betrieb natürlicherweise wächst. Dafür veranlasste die Staatsforstverwaltung eine Standorterkundung, die in den Jahren 1988 und 1989 die Böden hinsichtlich Nährstoff- und Wasserhaushalt, Durchwurzelbarkeit und Eignung für den Anbau der verschiedenen Baumarten untersuchte. Daraus wurde im Anschluss eine Zielvorstellung abgeleitet, wie die Flächenanteile gestaltet sein sollten, um einerseits die Potenziale der Standorte optimal auszunutzen und andererseits das Risiko erneuter Kalamitäten wie Sturm- und Scheebruch, Trockenheit und Käferfraß gering zu halten. Wie folgende Tabelle verdeutlicht, wich diese anzustrebende »Idealbestockung« dramatisch von dem tatsächlichen Zustand des Jahres 1987 ab.

	Fichte	Kiefer und Lärche	Tanne	Buche	Eiche	Sonstige Laubbäume
Bestockung 1987	74	6	0	17	0	3
Bestockung 2020	43	5	2	22	4	15
Angestrebt	35	3	5	22	17	18

Flächenanteile der Baumarten in Prozent.

Nur 23 Jahre später haben sich die Verhältnisse dem Bestockungsziel jedoch bereits angenähert: Der Anteil an Nadelbäumen, insbesondere der Fichten, ist von 74 auf 43 Prozent gesunken und damit nicht mehr weit vom angestrebten Verhältnis entfernt; umgekehrt ist der Anteil der Buchen und übrigen Laubbäume stark gestiegen, nur die Eiche hat noch Aufholbedarf.

Wie kam es zu dieser erfreulichen Entwicklung? »Wir haben uns die Ergebnisse der Standorterkundung genau angesehen und mit einer unmittelbar nach dem Orkan durchgeführten Inventur abgeglichen. Auf dieser Datenbasis haben wir die Wiederbewaldung der Schadensflächen mit standortgemäßen gemischten Baumbeständen geplant. Sie sollten die Herausforderungen der Zukunft besser stemmen als die bisherigen Fichten-Reinbestände«, erklärt Gerhard Gaudlitz. Weil im Revier so gut wie keine Tannen und kaum noch Eichen und andere Laubbäume wuchsen, konnten sie sich nicht mehr durch eigene Sämlinge vermehren. Also mussten die Flächen zunächst umfangreich mit diesen für den angestreb-

Im Jahr 2007, knapp 20 Jahre nach der Umstellung der Jagd, zeigt sich der Wald wieder als Mosaik unterschiedlich alter und verschiedenartiger Bäume (Bild oben): Einige Flächen werden noch von Fichten dominiert (im Bild unten am dunkleren Grün zu erkennen), in andere haben sich verschiedene Laubbäume gemischt. (Bilder: Gerhard Gaudlitz)

Diese beiden jungen Weißtannen sind stark verbissen und werden – wenn überhaupt – nur langsam und zu verkrüppelten Bäumen aufwachsen können. Die Spuren im Schnee verraten die Täter: Rehe, denen der eintönige Altersklassenwald aus reinen Fichten nicht genügend verwertbare Nahrung bietet, haben hier einen Leckerbissen gefunden (Bild: Gerhard Gaudlitz).

ten Mischwald unverzichtbaren Baumarten bepflanzt werden. Doch bei den damals üblichen hohen Rehwildbeständen wären die jungen Pflänzchen sofort abgefressen worden: »Um sie vor dem Wildverbiss zu schützen, hätten wir mehr als 40 000 Laufmeter wilddichte Zäune aufbauen müssen«, betont Gaudlitz – bei Materialkosten für die Zäunung von zwölf Euro je Laufmeter eine Investition von stolzen 480 000 Euro; Löhne für Aufbau, Wartung und späteren Abbau nicht eingerechnet.

In dieser Situation entschied der Stadtrat, das Problem an der Wurzel zu packen, sprich, den Wildverbiss zu senken. »Dass man in einer solchen Situation den Hebel total umstellen kann, hat mich sehr gefreut und beflügelt«, erinnert sich Gaudlitz. Fortan wurde das Revier nicht mehr an private Jäger verpachtet, sondern in Eigenregie durch das Forstpersonal bejagt. Zusätzlich händigte man gegen ein geringes Entgelt zeitlich befristete und örtlich klar abgegrenzte Jagderlaubnisscheine an revierlose Jäger aus. Erheblichem Widerstand seitens der etablierten Jägerschaft und insbesondere der angrenzenden Revierinhaber zum Trotz wurden nun deutlich mehr Rehe geschossen als zuvor; die Abschusszahlen stiegen von 13 Tieren im Jahr 1987 (das entspricht 2,9 pro 100 Hektar Waldfläche) auf bis zu 89 Tiere (18,8 pro 100 Hektar) im Jahr 2004. Nach dieser deutlichen Reduktion sind sie zurückgegangen und liegen jetzt mit 3,5 Rehen pro 100 Hektar nur wenig höher als vor vier Jahrzehnten. Heute wird das meiste Wild – im Durchschnitt 56 Prozent des Gesamtabschusses eines Jagdjahres – bei ein bis zwei großflächigen Bewegungsjagden,

Um das Wild möglichst nur für kurze Zeit zu beunruhigen, werden während einer geringen Zahl an Drückjagden möglichst viele Tiere zur Strecke gebracht. Wildbret ist arm an Fett und reich an Proteinen, Mineralstoffen und Vitaminen. Weil es nicht aus Massentierhaltung stammt, wird es von Feinschmeckern und umweltbewussten Menschen gleichermaßen als wertvolles Nahrungsmittel geschätzt. Doch aufgepasst: Deutschland ist Netto-Wild-Importland, das heißt, etwa 50 Prozent des im Handel angebotenen Wildfleischs stammen aus dem Ausland, beispielsweise aus Neuseeland, Argentinien und Polen – oder aus deutscher Gatterhaltung. Wer Wildbret aus heimischen Wäldern verzehren möchte, kann es – meist deutlich günstiger – direkt beim Jäger oder vom lokalen Forstbetrieb kaufen. Allerdings hat man als Konsument keinen Einfluss darauf, wie viel Wild tatsächlich geschossen wird, weil dies von den amtlichen Abschussplänen der Unteren Jagdbehörden abhängt. Die Jagdausübenden sind gehalten, die Pläne zu erfüllen, was jedoch leider nicht immer geschieht. Durch eine erhöhte Nachfrage nach Wildbret von einheimischem und frei lebendem Wild könnte die jagdliche Motivation der »Säumigen« womöglich erhöht werden – vor allem von April bis Dezember, wenn Rehwild gemäß der Jagdzeiten in Deutschland intensiv bejagt wird (Bild: Gerhard Gaudlitz).

denen damit eine entscheidende Rolle innerhalb der Jagdstrategie zukommt, im Spätherbst oder Winter zur Strecke gebracht (siehe Kasten S. 156). Die übrigen Abschüsse erfolgen durch Einzelansitzjagden während der gesamten Jagdsaison.

Die neue Jagdstrategie zeigte schnell die erwünschte Wirkung. Planmäßig gesetzte Baumarten, sogar die durch Rehwildverbiss besonders gefährdeten Weißtannen und Eichen, konnten mit vernachlässigbaren Schäden hochwachsen. Und auch jenseits der Pflanzungen sprießt laut Gaudlitz nun wieder junger Wald: »Auf den Flächen, die vom Sturm gelegt und später durch Borkenkäferfraß aufgelichtet worden waren, ist plötzlich überall dort wieder die Naturverjüngung aufgegangen, wo es noch samenfähige Altbäume gab. Und selbst wenn keine Samenbäume in unmittelbarer Nähe standen, sind durch Vögel verschleppte Eicheln und Bucheckern aufgekeimt.« Auch der Boden wird nicht mehr vom dichten Filz des Landreitgrases dominiert. Stattdessen wachsen dort die für hiesige Buchenwaldgesellschaften typischen Gräser, Kräuter und Sträucher. Selbst zartblättrige Arten, die als Weiserpflanzen für waldverträgliche Rehwildpopulationen gelten, wie Waldweidenröschen, Hasenlattich, Türkenbund, Himbeere und Brombeere gedeihen wieder üppig.

Dabei werden heute kaum mehr Rehe geschossen als vor 30 Jahren. Gerhardt Gaudlitz erklärt, worin der Unterschied zu früher liegt: »Wenn 1987 pro Jahr drei Rehe je 100 Hektar geschossen wurden, dann waren das geschätzt höchstens zehn Prozent des damaligen Gesamtbestandes. Wenn wir heute drei Rehe schie-

Im Jahr 1990 wurden im Revier Schnebling zahlreiche Fichtenmonokulturen durch den Orkan »Wiebke« umgeworfen. Im selben Jahr begann man, deutlich mehr zu jagen. Auf den vom Wind geschaffenen Kahlflächen kann sich die natürliche Resilienz-Zwischengeneration entwickeln: Das rosa blühende Waldweidenröschen ist schulterhoch emporgewachsen, bewahrt den Boden vor Erosion und vermehrt nach seinem Absterben den Humus. In seinem Schutz schießen junge Laubbäume in Rekordzeit in die Höhe, weil sie nun nicht mehr wie früher vom Wild verbissen werden (Bild: Gerhard Gaudlitz).

ßen, sind das vielleicht 60 bis 80 Prozent des Vorhandenen. Wir schöpfen also nur den Zuwachs ab, ohne dass die Population erneut anwächst.« Der Förster ist 2016 in den Ruhestand gegangen, doch sein Werk wird fortgeführt: »Mittlerweile ist es Konsens, dass die jagdliche Strategie ein unverzichtbares waldbauliches Handwerkszeug ist, um forstliche Ziele zu erreichen. Die effektive Bejagung des Rehwildes ist eine Daueraufgabe für alle ernsthaften Bemühungen um klimatolerante Wälder. Selbst die Jagdbehörden sind jetzt überzeugt, dass das richtig ist, was in den Wäldern der Stadt Landsberg gemacht wurde und wird.«

Wie man das Wild aus der Deckung zwingt

Rehe sind evolutionär bedingt wahre »Meister im Verstecken«: Sie stellen sich ins Dickicht, halten still und werden dadurch für Menschenaugen unsichtbar. Der Sinn der Bewegungsjagd besteht darin, sie dort aufzuspüren und hervorzulocken. Im Revier Schnebling sind daran 30 bis 40 Standschützen beteiligt, die sich auf die Hochsitze verteilen. Zusätzlich gehen bis zu vier Hundeführer mit ihren Stöberhunden durch die Dickungen. Zu den zahlreichen dafür geeigneten Rassen zählen Deutsche Wachtel, Kleiner Münsterländer, Teckel, Jagdterrier, Jack Russel Terrier und alle Bracken wie Schweizer Laufhund, Westfälische, Deutsche, Dachs- und Brandlbracke. »Wichtiger als die Rasse sind aus meiner Sicht individuelle Veranlagung, Eignung und Ausbildung des Hundes«, betont Gaudlitz. Die Hunde sollen dem Wild keinesfalls nachjagen oder es gar hetzen und stellen. Dazu sind sie auch gar nicht schnell genug, denn im dichten Wald läuft ein Reh jedem Hund davon. Vielmehr besteht ihre Aufgabe darin, das Wild aus seinem Versteck zu bewegen, zu treiben oder zu drücken – daher spricht man auch von einer »Drückjagd«. Sieht, hört oder riecht das Reh einen Hund, so bewegt es sich meist langsam ein kleines Stück von seinem Standort weg – und dabei in die Schusslinie der ansitzenden Jäger.

Die vorhandenen Fichtenreinbestände (oberes Bild) werden heute nicht mehr im Kahlschlag geerntet, sondern nach und nach, während unter ihnen junge Bäumchen nachwachsen. Dazu pflanzt man zunächst auf großen Flächen junge Buchen (am braunen Laub zu erkennen) und kleine Gruppen von Weißtannen (im Vordergrund links) unter. Alle fünf bis sechs Jahre sollen ausgewählte Altbäume gefällt werden, damit die nachwachsenden Bäumchen mehr Licht bekommen (Bild: Gerhard Gaudlitz).

Um auch die ökologisch besonders wertvolle Tanne zu vermehren, hat man alle sechs Meter einzelne Bäumchen unter die alten Buchen gepflanzt (eine glänzt links der Bildmitte im Licht). Weil sie nur noch mäßig verbissen werden, wächst mehr als die Hälfte von ihnen zu mächtigen Bäumen heran. Daher reicht es aus, 280 Tannen je Hektar zu pflanzen. Zum Vergleich: Um die Fichtenreinbestände zu erhalten, musste man rund 2500 Bäumchen je Hektar setzen (Bild: Gerhard Gaudlitz).

Lebendige Wälder

Der Eichelberg, ein Privatwald in Niederbayern

Im Neuburger Wald, etwa 15 Kilometer westlich von Passau in Niederbayern, liegt der Waldbetrieb Eichelberg. Das lokale Klima begünstigt das Wachstum von Wäldern, doch setzen die zunehmend heiß-trockenen Sommer auch hier den Bäumen und insbesondere den Nadelhölzern erkennbar zu. Das 225 Hektar große Revier umfasst ausschließlich Wald und befindet sich in Privatbesitz.
Von Natur stünde hier ein dichter Buchenwald, angereichert mit den auf diesen Böden sehr wuchskräftigen Weißtannen und mit Linden, Espen, Eichen, Hainbuchen, Vogelbeeren, Birken sowie einzelnen Kiefern und Fichten.

»Der Wald weiß besser als wir, wie er mit den Herausforderungen des Klimawandels fertig wird.«

Vor 80 Jahren war Eichelberg ein für die Nachkriegszeit typischer, geplünderter Nutzwald mit erschöpften Holzvorräten. Kaum die Hälfte der Bäume hatte ein Alter von 40 Jahren erreicht, zudem war die Mischung der Baumarten gegenüber jener in natürlichen Waldgesellschaften völlig verkehrt. Es handelte es sich nur bei sieben Prozent des Bestandes um Laubbäume, vor allem um Buchen und Eichen, hinzu kamen 54 Prozent Fichten; immerhin 37 Prozent fielen auf Weißtannen. In den 1950er Jahren hatte der damalige Betriebsleiter mit dem Aufbau eines naturnahen Dauerwaldes begonnen. Seine Nachfolger kehrten diese positive Entwicklung jedoch wieder um und erhöhten den Fichtenanteil bis Mitte der 1980er Jahre auf fast 60 Prozent. Als der Diplomforstwirt Peter Langhammer 1998 die Betriebsleitung im Eichelberg über-

Ende der 1990er Jahre konnte sich der Wald im Eichelberg nur hinter einem wilddichten Zaun verjüngen: In seinem Schutz wachsen Buchen und Tannen auf
(Bild: Peter Langhammer).

Im Jahr 2001 bietet dieser etwa 30 Jahre alte Fichtenforst einen traurigen Anblick: Die gleichaltrigen Fichten wurden nach einem Kahlschlag in Monokultur gepflanzt – und waren damit ein gefundenes Fressen für die Kleine Fichtenblattwespe, deren Larven sich von den frischen Nadeln ernähren. Der Insektenfraß hemmt die Bäume in ihrem Wachstum und verhindert die Bildung von Samen zu ihrer Vermehrung. In diesem Waldstück kämpfen einige wenige Tannen, Buchen und Eichen, bis zur Unkenntlichkeit unterdrückt, um ihr Überleben. Durch gezielte Förderung könnten sie aber den Grundstock für einen neuen Mischwald bilden
(Bild: Peter Langhammer).

nahm, fand er auf weiten Teilen einen Altersklassenforst aus dichten, gleichförmigen Nadelholzbeständen vor, in denen keinerlei Nachwuchs zur Verjüngung des Waldes bereitstand.

Schon früh alarmiert von den Prognosen zum Klimawandel, begann Langhammer sogleich mit einer umfassend naturnahen Waldbehandlung: »Ich wollte möglichst schnell wegkommen vom gleichförmigen, von Fichten dominierten Altersklassenwald und hin zu einem stabilen, struktur- und vorratsreichen Dauerwald. Den Wechsel der Baumarten wollte ich zunächst über eine konsequente Förderung der noch vorhandenen Tannen und wenigen unterdrückten Laubbäume erreichen, und zwar unabhängig von ihrer Stammqualität! Unter dem schützenden Schirm aus Altbäumen sollte sich dann aus eigener Kraft Naturverjüngung entwickeln.« Voraussetzung dafür war eine deutliche Verringerung des im Wald lebenden Rehwildbestandes auf ein Niveau, das auch in diesem kleinen, von Hobbyjägern umringten Revier eine großflächige Verjüngung von Tannen und Laubbäumen ohne künstliche Schutzmaßnahmen ermöglichen sollte.

Trotz etlicher Widerstände schoss Langhammer mehrere Jahre in Folge drei- bis viermal so viele Rehe, wie in den Jahrzehnten zuvor erlegt worden waren. Heute ist diese intensive Jagd nicht weiter notwendig. In Windeseile stellten sich die angestrebten Veränderungen ein: Schon nach drei Jahren konnten die jungen Bäumchen, die sich selbst angesät hatten, unter ihnen ein großer Anteil von Weißtannen, wieder ohne größere Schäden durch Wildverbiss hochwachsen. Im Jahr 2003 erhielt Eichelberg als erster privater Wald in Süddeutschland das FSC- sowie das Naturland-Zertifikat. Im Folgejahr wurde das Revier auf Langhammers Initiative als Natura-2000-Gebiet gemäß der FFH-Richtlinie, die den Schutz gefährdeter einheimischer Tierarten bescheinigt, ausgewiesen. Der Betriebsleiter ist überzeugt, »dass Waldwirtschaft langfristig nur dann ökonomisch erfolgreich sein kann, wenn sie konsequent mit den kostenlosen Kräften der Natur arbeitet und nicht gegen sie. Denn intakte Waldökosysteme erreichen nach Störungen immer wieder neue, dynamische Gleichgewichtszustände.« Deshalb will er die waldtypische natürliche Vielfalt fördern – und ebenso die ihr zugrunde liegenden dynamischen Prozesse und Strukturen. »Denn darin sehe ich den Schlüssel für eine größtmögliche Resilienz des Waldes, für einen ökonomisch minimalen Input, für

Die beiden Aufnahmen entstanden im Abstand von 18 Jahren aus unterschiedlichen Blickwinkeln am selben Standort. 2001 (Bild links) ist der Waldboden kahl, weil zu viele Rehe die Kräuter und aufkeimenden Bäumchen fressen oder am Aufwachsen hindern. Seither hat der Förster nicht nur das Rehwild intensiv bejagt, sondern zugleich die wenigen vorhandenen Tannen und Laubbäume, unabhängig von ihrer Stammqualität, konsequent begünstigt – so auch die beiden verletzten Buchen, die wertvolle Biotopbäume darstellen. Totholz bleibt zur Bereicherung der Artenvielfalt im Wald. 2019 (Bild rechts) haben die Samen der Altbäume für eine üppige und artenreiche Naturverjüngung gesorgt, die sich dank der anhaltend niedrigen Wilddichte ohne Zaun oder andere Schutzmaßnahmen gesund entfalten kann (Bilder: Peter Langhammer).

größtmögliche Fähigkeit zur Selbststeuerung des Waldes und für die Regeneration natürlicher Lebensräume.«

Ab 2011 arbeitete Peter Langhammer diese Vorstellungen zunächst unter dem Namen »BioHolzKonzept« aus und entwickelte sie später zum Modell »Lebendige Wälder« weiter. Im Jahr 2014 erklärte die Diözese Passau sie unter dem Titel »Schöpfungsorientierte Waldnutzung« schließlich zur verbindlichen Handlungsanweisung für alle von ihr bewirtschafteten Wälder. Zu den zentralen Zielen zählt es, den Wald als Lebensraum möglichst vieler unterschiedlicher Geschöpfe zu bewahren oder sich wieder zu einem solchen entwickeln zu lassen. Eine wichtige Rolle kommt alten und absterbenden Bäumen zu: »Wenn wir den Wald als Hort der Biodiversität erhalten wollen, dann braucht er einen großen Vorrat an Biotopbäumen und ›Totholz‹. Dazu müssen wir wieder natürliche Entwicklungsprozesse zulassen und wenigstens einen Teil des Waldes aus der Holznutzung ausnehmen«, betont Langhammer.

Fichten bilden mit ihren Wurzeln einen großen, aber extrem flachen »Teller«, der bei Stürmen kaum Halt gibt. So wurde auch dieses mächtige Exemplar 2020 vom Orkan »Sabine« umgeworfen. Nun liegt es in einem der Natur überlassenen Bereich des Reviers Eichelberg und prägt dort das Waldbild. Während die Fichte verrottet, bietet sie Nahrung und Lebensraum für zahlreiche Pilze, Tiere und Pflanzen, von denen ihrerseits zahlreiche Organismen abhängen (Bild: Peter Langhammer).

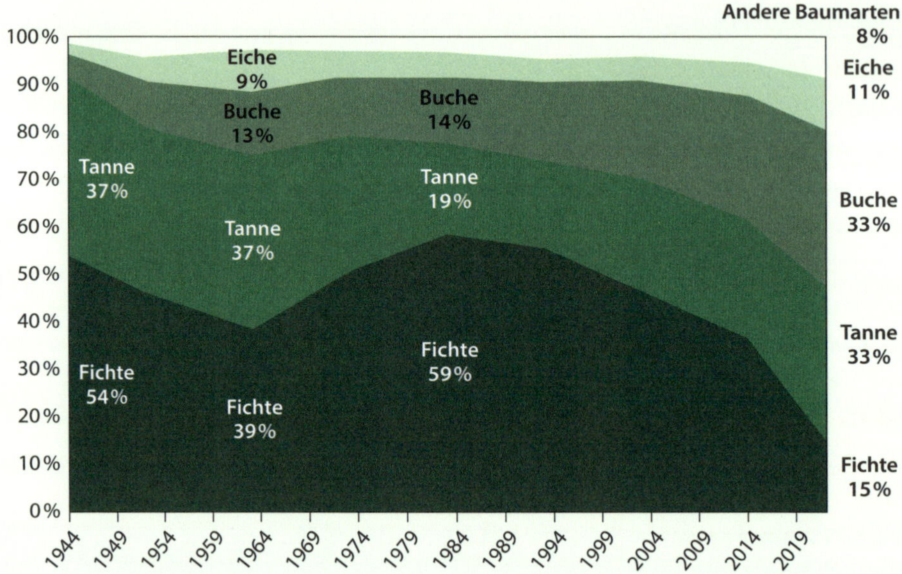

Entwicklung der Baumartenverhältnisse (in Prozent) von 1944 bis 2022. Während anfänglich die Fichten mehr als die Hälfte aller Bäume stellten, liegt ihr Anteil heute nur noch bei 15 Prozent. Ihren Platz haben größtenteils Buchen und Tannen eingenommen, die mittlerweile jeweils 33 Prozent der Baumarten ausmachen.

Wie ein lebendiger Wald aussehen kann, zeigt sich nun beispielhaft im Revier Eichelberg. Nach nur gut zwei Jahrzehnten nähert sich der einst von Fichten dominierte Wirtschaftswald stetig einem ursprünglichen Naturwald an. Der Anteil der Fichten liegt heute nur noch bei 15 Prozent. Ihren Platz haben größtenteils Buchen und Tannen eingenommen, die mittlerweile jeweils 33 Prozent der Baumarten ausmachen (siehe Diagramm). Die junge Waldgeneration ist überwiegend von selbst entstanden, üppig und kostenlos. Einzig anfangs wurden vereinzelt einige seltene, standortheimische Baumarten gepflanzt, die sich durch ihre Samen in Zukunft aber ohne menschliches Zutun vermehren werden.

Eichelberg erwirtschaftet mit seinem nun wieder naturnäheren Wald seit Jahrzehnten beständig positive Ergebnisse. Allerdings verzichten die Eigentümer auf einen nennenswerten Teil des möglichen Holzertrags zugunsten anderer, existenziellerer Bedürfnisse unserer Gesellschaft wie Biodiversitäts-, Boden- und Klimaschutz. Denn Wälder binden durch ihre enorme – über- und unterirdische – Biomasse auf natürliche Weise langfristig große Mengen Kohlenstoff; das macht sie widerstandsfähiger gegen die Erderwärmung. Deshalb stehen neben den jungen und mittelalten Bäumen im Eichelberg auch rund 3 000 alte und abgestorbene Bäume mit mindestens 40 Zentimeter starken Stämmen – und es werden immer mehr: »Laut einer 2022 vorgenommenen Inventur haben wir im Eichelberg fast 43 Kubikmeter ›Totholz‹ je Hektar. Damit haben wir im Durchschnitt, wenn auch nicht auf allen Teilflächen, das 2014 selbst gesetzte Ziel von mindestens 40 Kubikmetern in weniger als zehn Jahren erreicht. Hilfreich waren dabei staatliche Förderungen, aber auch der schwache Holzmarkt«, so Langhammer. Weit über die Hälfte der Biotopbäume und Tothölzer sind stehende (rund 2 650 Kubikmeter) und liegende ganze Bäume (rund 3 200 Kubikmeter). Welchen immensen Beitrag diese zur Artenvielfalt leisten, belegt eine wissenschaftliche Studie, in der fünf Jahre lang das Holz von 60 abgestorbenen Tannen auf darin lebende Käfer untersucht wurde. Das Ergebnis: Es fanden sich 170 verschiedene Käferarten; die meisten sind auf »Totholz« angewiesen, eine von ihnen gilt als sogenanntes Urwaldrelikt – und bezeugt damit den ursprünglichen Charakter des Eichelberger Waldes.

Eine hohe Artenvielwalt ist für Peter Langhammer kein isoliertes Ziel an sich. Stattdessen nimmt er den Wald als Ganzes in den Blick, »als selbstgesteuertes Ökosystems, das nicht am Tropf des wirtschaftenden Menschen hängen soll, sondern sich eigenständig entwickeln und an die äußeren Verhältnisse anpassen darf«. Derzeit sind im Eichelberg knapp 23 Hektar, also 10,3 Prozent der gesamten Waldfläche, verbindlich als Naturwald ausgewiesen und werden über das bayerische Vertragsnaturschutzprogramm oder durch privates Engagement finanziell gefördert. Denn auch und gerade gegen die Herausforderungen des Klimawandels sei ein selbst gesteuertes Waldökosystem am besten gewappnet, ist der Förster überzeugt: »Für eine ungewisse Zukunft braucht es größtmögliche natürliche Vielfalt. Daher sollten wir nach Störungen durch Windwurf, Käferfraß und Wetterextremen auf die Selbstregulationskräfte des Waldes vertrauen.«

Totes Holz hat viele Funktionen: Es bereichert die Artenvielfalt (Bild oben) und schafft optimale Bedingungen für die natürliche Verjüngung des Waldes (Bild unten): Denn der »Verhau« aus verrottenden Ästen und Stammstücken dient zugleich als Wasser- und Nährstoffspeicher sowie als Barriere gegen hungriges Wild – und bietet damit ein geschütztes Keimbett für eine Vielfalt von Kräutern und Gehölzen (Bilder: Peter Langhammer).

Eine solche Windwurffläche, die ihrer natürlichen Entwicklung überlassen wurde, hat eine Würzburger Forschungsgruppe um Professor Jörg Müller im Auftrag des Bayerischen Umweltministeriums hinsichtlich ihrer Artenvielfalt genauer untersucht. Dabei fanden sich 206 verschiedene Käfer, weit mehr als auf ungestörten Kontrollflächen im gleichen Wald. Unter ihnen waren äußerst seltene Spezies wie der auf Misteln alter Tannen spezialisierte Pochkäfer sowie der Schaufelkäfer, der in Bayern außerhalb der Alpen sonst nur noch in den Donauhainen überlebt hat. Auch andere einst typische Waldlebewesen sind in den Wirtschaftswald Eichelberg zurückgekehrt, etwa ein stark gefährdeter Pilz namens Tannenstachelbart, der bis zu 60 Zentimeter große Fruchtkörper entwickelt. Die im Verborgenen lebenden Käfer bilden die Nahrungsgrundlage für vielerlei Vögel und Kleinsäuger, die ihrerseits Eulen und Greifvögel ernähren. Selbst die Rehe richten angesichts der üppigen jungen Bäumchen, die oft unzugänglich im Schutz am Boden liegenden »Totholzes« aufwachsen, weniger Schaden an und reihen sich in die Vielfalt dieses faszinierenden Ökosystems ein. Künftig, so hofft Peter Langhammer, könnten dort auch Luchs und Wolf wieder ihren angestammten Platz einnehmen.

Von der Natur lernen: Wie sich der Wald von Sturmwurf und Käferfraß erholt

Der Klimawandel setzt unsere Waldbäume unter Hitzestress und macht sie besonders anfällig für Insekten. So wurden in den extrem heißen und trockenen Sommern der Jahre 2015, 2018 und 2019 mehr als 15 Prozent der in Eichelberg stehenden Fichten von Borkenkäfern befallen. Angesichts deren massiver Vermehrung in weiten Teilen Deutschlands erweisen sich die herkömmlichen Bekämpfungsmethoden zunehmend als wirkungslos. Zudem bringen sie enorme ökologische und ökonomische Nachteile mit sich, zum Beispiel, indem sie das Risiko von Sturmwürfen erhöhen. »Aus ökologischer Sicht sind Borkenkäfer sogar förderlich, weil sie natürliche Prozesse anstoßen und Habitate für eine Vielzahl von Arten schaffen, die in den meisten Wirtschaftswäldern völlig fehlen«, so Langhammer. »Diese ökologischen Chancen natürlicher Störungen wollen wir ökonomisch sinnvoll nutzen«.

In Eichelberg werden auf den betroffenen Flächen seit 2019 ein differenziertes Borkenkäfermanagement sowie ein neues Konzept für den Umgang mit Sturmfolgen umgesetzt: »So wollen wir Kosten und Risiken minimieren, aber auch möglichst viel sogenanntes ›Schadholz‹, das ohnehin kaum Erlöse bringt, dem Wald überlassen. Damit können wir gleichzeitig die waldtypische Struktur- und Artenvielfalt auf natürliche Weise erhöhen und die Anpassung der Waldökosysteme an die sich verändernden Umweltbedingungen unterstützen«, erklärt Langhammer. Zusammen mit den erhaltenen Resten alter Waldentwicklungsphasen bilden diese neuen Störungsflächen Waldgebiete, die vor steuernden Eingriffen für begrenzte Zeit oder gar dauerhaft verschont bleiben.

Naturgemäßer Waldbau rechnet sich

Hochpochten-Masburg, ein staatliches Forstrevier in der Eifel

Das Forstrevier Hochpochten-Masburg ist Teil des Forstamts Cochem, 70 Kilometer östlich von Trier im Naturraum Eifel gelegen. Es besteht aus zwei 454 und 147 Hektar großen Teilflächen der staatlichen Landesforsten Rheinland-Pfalz sowie aus Kommunalwald der acht angrenzenden Gemeinden. Von Natur aus würden hier unterschiedliche Buchenwälder wachsen, auf flachgründigen Südhängen ersetzt durch Traubeneichen und Hainbuchen, in kleineren Schluchtwäldern ergänzt durch Ahorn und Eschen.

»Um zukunftstaugliche Wälder zu schaffen, braucht es die gesellschaftliche Akzeptanz der Jagd.«

Der Staatswald Hochpochten hat eine wechselhafte Geschichte. Schon im Mittelalter führte ein heftiger Streit zwischen dem Kurfürsten zu Trier, einer ansässigen Adelsfamilie und den umliegenden Dörfern zur starken Übernutzung des Waldes. Entsprechend schlecht war sein Zustand, als er im Jahr 1794 in französischen Staatsbesitz überging. Im Jahr 1815 wurde das Rheinland dem preußischen Herrschaftsgebiet zugeschlagen. In jenen turbulenten Zeiten bediente sich die Landbevölkerung an Wildbret aus den Wäldern. Durch diese unkontrollierte Jagd waren die Bestände niedrig und damit der Verbissdruck auf die Vegetation gering; der Wald konnte sich ungehindert entwickeln.

Zugleich besannen sich die neuen Herren auf ihren Besitz und leiteten eine erstaunlich weitsichtige Aufbauarbeit ein. »Im Waldgebiet Hochpochten ist das ganz anders gelaufen als in weiten Teilen der Eifel, wo die verödeten Waldflächen mit Fichten aufgeforstet wurden. Hier haben die Preußen die noch vorhandenen alten Buchen großflächig verjüngt und dann gruppenweise mit Eichen, Tannen, Fichten, Lärchen, Bergahorn und Kirschen ausgepflanzt«, erklärt Revierleiter Michael Fohl: »Man hat also schon damals eine naturgemäße Waldwirtschaft betrieben. Eine ehemalige landwirtschaftliche Fläche wurde sogar komplett mit Eichen aufgeforstet und mit Buchen gemischt, und zwar ganz ohne Zaun, wie alte Dokumente belegen.« Diese inzwischen 170 Jahre alten Eichen bezeugen eindrucksvoll, wie gut ihre Art gedeiht, wenn die Startbedingungen stimmen – ein schönes Beispiel dafür, wie auch durch Pflanzung von Menschenhand in relativ kurzer Zeit ein naturnaher Wald entstehen kann.

Nach weiterem Wechsel in der Bewirtschaftung und zwei Weltkriegen verschlechterten sich jedoch die Startbedingungen für junge Bäume. Aufgrund der einseitigen Ausrichtung auf Trophäen stiegen die Wildzahlen ab 1935 erheblich an. Der Verbiss durch Rehwild war so stark, dass nicht einmal der Buchennachwuchs ohne Zäune oder sonstige Wildschutzmaßnahmen hochkam. In Forstdokumenten aus den 1960er und 1970er Jahren wurde die angebliche »Verjüngungsmüdigkeit« der Buche bemängelt und unter anderem den kalten Tonschieferböden der Eifel zugeschrieben. Die tatsächlichen Gründe – überhöhte Wildbestände und mangelnde Waldpflege – wollte man nicht wahrhaben; Pflegemaßnahmen, allen voran die Durchforstung, wurden vernachlässigt. Dabei sind gerade diese unerlässlich, wenn sich der Wald verjüngen soll: Denn beim Durchforsten entnimmt man einen Teil der Bäume, damit die anderen mehr Platz, Licht und Nährstoffe erhalten. Unterbleibt diese Pflege, kommen selbst dann keine Baumsämlinge hoch, wenn es genügend davon gibt: Sie beziehen im dunklen Dickicht einfach nicht genug Licht, um zu keimen und aufzuwachsen.

Im Jahr 1991 übernahm Michael Fohl die Leitung des Reviers Hochpochten, das damals zu 40 Prozent aus Nadelbäumen in Altersklassen bestand, maßgeblich Fichten auf für sie nicht optimalen Standorten, dazu Douglasien, einige Kiefern sowie Lärchen, die man einst eingebracht hatte, obwohl sie in der Eifel gar nicht heimisch sind. Der junge Revierleiter wird beauftragt, wenigstens die Buchen in den alten Laubbaumbeständen natürlich zu verjüngen, also nicht anzupflanzen.

Werden einzelne Bäume vom Wind umgeworfen oder vom Eichenprachtkäfer so geschwächt, dass sie absterben, entstehen im Wald kleinere Lücken. Hält man den Wildbestand niedrig, wachsen selbst in solchen sehr kleinen Lichtkegeln junge Eichen unverbissen ohne Schutzmaßnahmen auf (Bild oben) und bilden nach 12 Jahren dichte Bestände (Bild unten) (Bilder: Ingrid Lamour).

Aufgrund der hohen Wildbestände dürfe dies nur im Zaun geschehen, so die ausdrückliche Weisung. Doch Michael Fohl hat weitreichende Ziele, denn er will einen nachhaltigen Dauerwald schaffen. Dieser soll hinsichtlich der Baumarten so gemischt sein wie natürlicherweise vorkommende Waldgesellschaften und zudem aus Bäumen unterschiedlichen Alters bestehen, sodass die jungen Schösslinge unter dem Schirm der älteren Samenbäume heranwachsen. Denn der Förster weiß: Solche sich selbst verjüngenden Dauerwälder sind leistungsfähiger als standortfremde Altersklassenwälder und erfreuen zudem mit ihrer Ästhetik und Vielfalt die Waldbesucher.

»Ich habe mich schon früh für die naturgemäße Waldwirtschaft interessiert und wollte sie nun auch in meinem Revier praktizieren. Widerstände seitens der Vorgesetzten gab es keine, aber besonders angespornt wurde ich auch nicht. Ich bin, wenn man so will, ein Überzeugungstäter«, bekennt Fohl. Also baut er 1991 zunächst nur zwei kleine Zäune, intensiviert die Durchforstung und verzichtet im Übrigen auf weitere Schutzmaßnahmen. Parallel versucht er außerdem, den Rehwildbestand und damit den Verbiss auf ein waldverträgliches Maß zu reduzieren. Dabei kommt ihm zugute, dass das staatliche Forstamt auf der größeren der beiden Teilflächen schon damals – und ab 2007 auch auf der Gesamtfläche von rund 600 Hektar – in Eigenregie jagt. »Wir haben also den Rehwildabschuss stufenweise angehoben. Kurz aufeinander folgende Mastjahre haben die Ausgangssituation bei der Buche zusätzlich verbessert«, so Fohl.

Schon nach kurzer Zeit zeigt das neue Konzept Wirkung. Die Bilanz: »Da konnte man stufenweise das Aufkeimen der unterschiedlichen Baumarten beobachten. Als wir die Abschusszahlen verdoppelt haben, von 5 auf 10 Rehe pro 100 Hektar, kam zunächst die Buche ohne Zaun in der Naturverjüngung. Dann haben wir auf 15 Rehe erhöht, da kamen Bergahorn und Esche unverbissen hoch. Doch bei der Tanne hatten wir immer noch starken Verbiss. Also haben wir den Abschuss noch mal erhöht, auf 25 Rehe. Seitdem wachsen auch Tanne und Eiche ohne Zaun auf.«

Diese Erfolgsgeschichte ist in einem Diagramm festgehalten, das die Abschusszahlen von Hirschen und Rehen darstellt. »Das Eindrucksvolle an dem Streckendiagramm ist ja, dass wir bezüglich der Naturverjüngung bei Stunde null angefan-

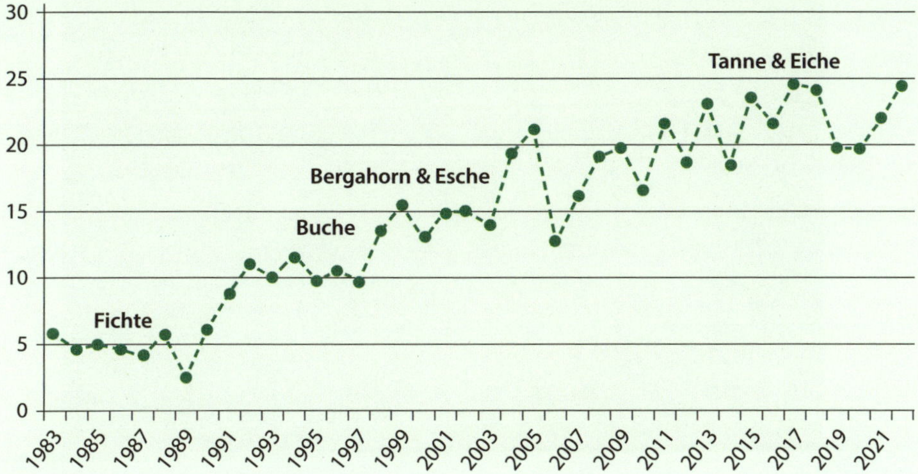

Jagdstrecke im Verlauf von 30 Jahren (in erlegten Rehen pro 100 Hektar), zunächst auf 450 Hektar, ab 2007 auf 600 Hektar Wald. Je mehr Rehe pro Waldfläche erlegt werden, umso mehr Arten von Laubbäumen können ohne Zaunschutz aufwachsen. Während die Abschusszahlen sukzessive steigen, verjüngt sich zunächst die robustere Buche, gefolgt von Bergahorn und Esche, bis schließlich auch die am stärksten gegenüber Verbiss empfindlichen Tannen und Eichen unbeschadet hochkommen.

gen hatten. Denn als ich das Revier 1991 übernommen hatte, wuchs ja nicht einmal die Buche ohne Zaun auf. Wir sehen hier einen ganz klaren Zusammenhang zwischen Höhe des Wildbestandes, Höhe der Wildschäden und dem Aufwachsen wertvoller Mischbaumarten. Der Nadelbaumanteil hat sich in knapp 30 Jahren von anfangs 40 auf zirka 25 Prozent reduziert. Heute ist das gesamte Revier verjüngt und die älteren Fichten und Douglasien sind mit Tanne und Buche unterpflanzt oder naturverjüngt«, so der Revierleiter. Die Naturverjüngung macht sich besonders dort bezahlt, wo große Freiflächen entstehen – etwa weil sich, gefördert durch die Trockenheit der vergangenen Jahre, Borkenkäfer ausbreiten. »Auf solchen Flächen pflanzen wir nach dem Fällen und Rücken der befallenen Fichten nur noch geringfügig mit ausgewählten Baumarten nach, um eine gute Mischung zu erhalten. Den Rest übernimmt die Natur«, betont Fohl.

Unter starkstämmigen Buchen wachsen unzählige Weißtannen auf und können sich, weil sie nur noch geringfügig von Rehen verbissen werden, natürlich entfalten. Die ältesten sind 16 Jahre alt, und alle zwei bis drei Jahre kommen neue Bäumchen dazu, die aus angeflogenen Samen auskeimen (Bild oben). Letztere stammen von einigen 150 Jahre alten Tannen aus preußischer Zeit, die ganz in der Nähe stehen und natürlich altern dürfen (Bild unten). Schon mit 25 Jahren werden die jungen Tannen selbst ihre ersten Samen bilden. So sorgen sie nicht nur für die Verjüngung des Waldes, sondern tragen mit ihren tiefen Wurzeln zu seiner Standfestigkeit bei und mehren mit ihren leicht zersetzbaren Nadeln den Humus (Bilder: Ingrid Lamour).

Seit den Orkanen »Kyrill« und »Xynthia« werden in Hochpochten selbst auf großen Kahlflächen keine Zäune oder andere Schutzmaßnahmen mehr gegen Wildverbiss benötigt. Damit sparen sich die Landesforsten eine Menge Geld – und zwar fortlaufend, auch in Zukunft. Das belegt ein Gutachten, das den Zustand des Waldes 16 Jahre nach dem Strategiewechsel in der Jagd erfassen sollte: Es schätzt die jährliche Wertsteigerung der Naturverjüngung auf 135 Euro je Hektar, die sich im gesamten Revier pro Jahr auf rund 82 000 Euro summiert (siehe Kasten S. 178). Und das sei nur der wirtschaftliche Aspekt, gibt Michael Fohl zu bedenken: »Wir als Förster erhalten oft von der traditionellen Jägerschaft den Vorwurf, wir sähen nur die Ökonomie im Wald. Das ist falsch, die ökologische Wertsteigerung ist genauso wichtig, wenn nicht sogar heute noch wichtiger. Ökologie und Ökonomie in Einklang zu bringen, das ist das Faszinierende und Zukunftsweisende an meinem Beruf.«

Um unsere Wälder gesund und widerstandsfähig zu erhalten, ist es entscheidend, wann und wo wie viele Bäume entnommen werden. Die forstlichen Eingriffe müssen immer schonend und punktuell erfolgen, also nie – wie früher üblich – auf großen Flächen. Damit erreichen die Förster, dass das Kronendach weitgehend geschlossen bleibt und darunter alle »Stockwerke« des Waldes durch ungleich alte und hohe Bäume ausgefüllt sind. Angesichts drohender Überhitzung der Bestände im Klimawandel ist dieser waldbauliche Ansatz zum Erhalt eines kühlen Waldinnenklimas hochaktuell (Bild: Michael Fohl).

Das Revier Hochpochten umfasst neben den 600 Hektar Staatswald weitere 1100 Hektar Kommunalwald, in dem ein privater Pächter die Jagd ausübt: »Jeden Tag wird mir dort vor Augen geführt, wie der Wald aussieht, wenn der Wildbestand überhöht ist. Wenn ich aus diesem Kommunalwald in den Staatswald komme, den ich jetzt 30 Jahre lang zum Dauerwald entwickelt habe, dann fühle ich mich wie in einer anderen Welt«, erzählt der Förster. Trotz des stellenweise traurigen Zustands ihrer Wälder halten die Gemeinden an der traditionellen Handhabe fest: Sie freuen sich über die jährlichen Pachteinnahmen und erkennen nicht, dass sie durch eine waldfreundliche Form der Jagd ein Vielfaches einsparen könnten. Praktisch kostenfrei dazu käme außerdem eine ökologische und waldbauliche Aufwertung ihres Waldbesitzes, die in Zeiten des Klimawandels enorm wichtig ist.

Die hohen Bestände in den unmittelbar angrenzenden kommunalen Flächen führen dazu, dass beständig Wild in den Staatswald einwandert, zumal es dort ein größeres und reicheres Angebot an Nahrungspflanzen vorfindet. Dieser »Vakuumeffekt« erklärt auch, warum nach wie vor viel Wild erlegt werden muss: »Über das Jahr senken wir den Wildbestand bis in den kritischen Winter ab und im Frühjahr, wenn das Wild sich neue Einstände sucht, füllt sich der Wildbestand wieder auf.« Um den ökologisch und ökonomisch wertvollen Dauerwald auf den Staatsflächen zu erhalten, müsse das Jagdkonzept ständig neu justiert werden, erklärt Fohl: »Zurzeit wird der Jagdbetrieb intervallartig organisiert. Dazwischen liegen längere Zeiten, in denen die Jagd ruht. Um die hohe Abschusszielsetzung zu erreichen, nutzen wir sowohl größere und kleinere Bewegungsjagden als auch Einzel- und Sammelansitzjagden. Ein Jagdhelferteam, bestehend aus sechs ortsansässigen Jägern, hilft bei allen jagdbetrieblichen Arbeiten mit und kann im Gegenzug ohne Einschränkungen mitjagen.«

Entscheidend seien dabei nicht die absoluten Abschusszahlen, sondern der Zustand des Waldes und seine Artenvielfalt, stellt der Revierleiter klar und betont einen Aspekt, der ihm besonders am Herzen liegt: »Wir haben Achtung vor der Kreatur und jagen zwar scharf, aber sauber, also stets unter strenger Beachtung aller tierschutz- und jagdrechtlichen Vorschriften. Denn wir erlegen das Wild nicht zum Selbstzweck, sondern um naturgemäße, zukunfts- und klimataugliche Wälder zu erhalten. In solchen artenreichen und gesunden Mischwäldern fühlt sich das Wild ohnehin viel wohler. Gleichzeitig bietet uns das Wildbret ein wertvolles Nahrungsmittel. Dazu brauchen wir die Akzeptanz der Jagd in der Gesellschaft.«

Gleicher Standort, gleiche forstliche Bewirtschaftung, aber andere Jagdstrategie: In einem wenige Kilometer vom Staatswald entfernten Kommunalwald führt ein überhöhter Wildbestand zu so starkem Verbiss, dass nicht einmal mehr die jungen Buchen unbeschadet aufwachsen können. Diese Bäume sind aus Bucheckern ausgekeimt, die vermutlich von Vögeln hergetragen wurden. Mit einem Alter von weit über zehn Jahren könnten sie bei ungestörtem Wachstum acht bis zehn Meter hoch sein. Weil ihre Triebe ständig von Rehen abgebissen werden, messen sie aber nur 120 Zentimeter. Auch die Krautschicht ist verarmt; am Waldboden wächst nichts als Gras und Moos (Bild: Michael Fohl).

Wie man Millionen Steuergelder sparen kann

Im Staatswald Hochpochten wurde in den Jahren 2008 und 2009 eine besondere Art der Waldinventur gemacht, bei der die Naturverjüngung im Fokus stand. Das Ergebnis: In einem Zeitraum von 16 Jahren ab der Umstellung des Jagdregimes konnte sich auf einer Fläche von 200 Hektar der Wald ohne Schutzmaßnahmen selbst erneuern. 90 Prozent der dort hochgekommenen Bäume – ein Anteil weit über dem landesweiten Durchschnitt – werden sich zu Wertholz entwickeln. Diese enorme Wertschöpfung ist das Ergebnis einer angemessenen Bejagung des Wildes. Hätte man dieselbe Fläche ohne Naturverjüngung bestocken wollen, also durch Pflanzen der Bäumchen im schützenden Zaun, so hätte dies – nach den damals in Rheinland-Pfalz üblichen Kostensätzen – je Hektar und Jahr 135 Euro gekostet. Hochgerechnet auf die gesamten 600 Hektar Staatswald im Revier wurde demnach in 16 Jahren die stolze Summe von knapp 1,3 Millionen Euro eingespart! Dem stehen die Aufwendungen für Jagd und Waldpflege gegenüber. Diese fallen jedoch vergleichsweise gering aus, da sie zum Großteil in der regulären Arbeitszeit des Forstpersonals – sowie durch beträchtliches Engagement des Revierleiters nach Feierabend – erfolgen. Doch selbst wenn für die Jagdausübung eigens ein Jäger angestellt worden wäre, kämen dessen Lohnkosten von jährlich 45 000 bis 50 000 Euro nur auf die Hälfte des insgesamt eingesparten Betrags.

Wo der Wald sich selbst verjüngt, bringt er hohe Erträge

Ochsenberg, ein Privatwald in Baden-Württemberg

Der Fürstlich Fürstenbergische Distrikt Ochsenberg ist ein rund 350 Hektar großes, an drei Seiten von Feldflächen umgebenes Waldstück. Als Teil eines weitaus größeren Forstbetriebs, der sich seit Jahrhunderten im Besitz der Fürstenfamilie befindet, liegt er etwa 100 Kilometer südlich von Stuttgart im Wuchsgebiet Schwarzwald-Baar. Die Kalkverwitterungslehme der Waldböden neigen auf den Ebenen zur Staunässe. Natürlicherweise würde hier auf einer Seehöhe von circa 800 Metern ein Tannen-Berg-Mischwald mit etwas Fichte, Bergahorn und Buche stehen. Tatsächlich bilden heute jedoch größtenteils Fichten die Oberschicht; darunter mischen sich stellenweise einzelne, an die 160 Jahre alte Tannen. Bis zum Jahr 2001 war der Distrikt Ochsenberg Teil eines vom Fürstenhaus nach trophäenorientierten Gesichtspunkten bewirtschafteten großen Jagdgebietes. Dort wurde vorrangig in der »Blattzeit«, also der Paarungszeit, auf Rehböcke und -kitze gejagt. Streckennachweise verzeichnen dabei außerordentlich wenige Abschüsse von unter fünf bis sechs Rehen pro 100 Hektar Waldfläche. Solche Zahlen sind im Schwarzwald auch heute in den meisten Jagdrevieren üblich.

»Der Wald kann viel mehr, wenn man ihn nur lässt!«

Im Jahr 2000 kam es zu einer radikalen Wende, nachdem der Orkan »Lothar« im ganzen Revier verheerende Schäden angerichtet hatte. Der alte Fürst zu Fürstenberg übertrug die Verantwortung für den Wald an seinen Sohn. »Und in dieser Zeit wurde ich zum neuen Geschäftsführer und Leiter der Forstbetriebe ernannt«, erzählt Jens Borchers, »da kamen also drei Dinge zusammen. Das Entscheidende aber war der Gesinnungswandel, der nun stattfand. Denn der junge Fürst sah sich nicht mehr zuallererst den jagdlichen Traditionen verpflichtet, sondern betrachtete seinen Waldbesitz rationaler und aus ökonomischer Sicht. Das erst hat es möglich gemacht, das Ruder herumzuwerfen.« Es war höchste Zeit. Denn die jahrzehntelang überhöhten Rehwildbestände hatten ihre Spuren am Wald hinterlassen. So fehlte in den meisten Betriebsteilen die natürliche Verjüngung. Damit überhaupt etwas hochwachsen konnte, musste man kleine Flächen mit wildabweisenden Zäunen umgeben und darauf in Baumschulen vorgezogene Tannen und Laubbäumchen pflanzen. Unter älteren Waldbeständen behauptete sich nur noch hartkantiges Gras, das vom Wild verschmäht wurde; zartblättrige Pflanzen wie Brombeeren waren extrem stark verbissen.

Unter dem neuen Eigentümer sollte die Jagdtradition auf dem größten Teil seines Forstbetriebs fortan nicht mehr die erste Geige spielen, so Borchers. »Er hatte erkannt, dass diese Form der Jagd zwar schön und recht ist, aber, sofern im gesamten Betrieb vorherrschend, mit desaströsen Folgen für das Waldvermögen verbunden ist. Drei Eigentümergenerationen hatten sich diesen Luxus geleistet und dafür auf die natürliche Verjüngung der Tanne fast komplett verzichtet. Dabei ist diese Charakterart des Schwarzwalds ökologisch mit die wichtigste Baumart, weil sie mit ihren weichen, leicht kompostierbaren Nadeln enorm zur Bodenbildung beiträgt. Auf sie zu verzichten, war ein dramatischer Fehler.«

Um diesen Fehler zu korrigieren, galt es zunächst, die entsprechenden Pachtverträge zu beenden. Auf der nun vollends in Eigenbesitz befindlichen Betriebsfläche korrigierte man die Jagdstrategie gemäß der Maxime »Wald vor Wild« – und jagte nach dem Motto »Zahl vor Wahl«. Das Jagdgesetz in Baden-Württemberg lässt den Reviereignern die Freiheit, die Jagd so auszuüben, wie sie es für sinnvoll halten; anders als etwa in Bayern und einigen anderen Bundesländern wurden sowohl die Abschusspläne als auch die verpflichtenden Trophäenschauen abgeschafft. »Das Entscheidende war und ist, dass man möglichst viele ›Zuwachsträger‹ schießt, also die Geißen und die Kitze. Denn nur so gewinnt man die Kontrolle über ihre Vermehrung und kann die Population verkleinern«, erklärt Jens Borchers.

Auch hier hat sich der Wald kostenlos aus eigener Kraft verjüngt (Bild oben): Unter dem etwa 80 Jahre alten Bestand aus reinen Fichten stehen überwiegend Tannen und einige Fichten, die um die zehn Jahre alt sind. Während sie im Schutz des alten Waldes hochwachsen, werden sukzessive ausgewählte Fichten gefällt (Bild unten), um ihr Holz zu ernten (Bilder: Jens Borchert).

In den ersten Jahren nach der Umstellung wurden die Abschusszahlen im Ochsenberg verdoppelt, auf zehn bis zwölf überwiegend weibliche Rehe je 100 Hektar Waldfläche; später senkte man sie wieder ab, sodass sie heute im Mittel bei fünf bis acht Stück je 100 Hektar liegen. Der Distrikt wird von betriebseigenen Förstern zusammen mit zwei bis fünf Begehscheininhabern bejagt. Zudem unterhält der fürstliche Forstbetrieb die dafür notwendige Infrastruktur – Hochsitze, Jagdschneisen, Pirschwege, Salzlecken – und organisiert die Bewegungsjagden. Die Jagd wird flexibel auf die Situation im Revier angepasst. »Wir machen alles, was gesetzlich möglich und erfolgreich ist: Zu Beginn der Umstellung funktionierte die Bewegungsjagd besonders gut und brachte im Ochsenberg etwa ein Drittel bis die Hälfte der jährlichen Rehwildstrecke ein. Heute jagen wir erfolgreicher über Einzel- und Sammelansitze und an der Kirrung«, so Borchers.

Als hier der größte Teil des Altholzes – es waren überwiegend einst gepflanzte Fichten – geschlagen wurde, stand der neue Wald schon bereit: Die Naturverjüngung besteht zu etwa gleichen Teilen aus Fichte und Tanne, wobei die Mischung stellenweise unterschiedlich ausfällt. Zwischen den Nadelbäumen haben sich zudem Laubbäume selbst angesät, vor allem Berg-Ahorne, aber auch Weichhölzer wie Weide und Eberesche. Die alten Tannen dürfen so lange wie möglich stehen bleiben und sorgen mit ihren Samen für weitere Naturverjüngung; krumme Tannen mit vielen Ästen am Schaft lässt man natürlich altern, andere werden des Holzwertes wegen gefällt, bevor sie abzusterben drohen (Bild: Jens Borchert).

Einen wesentlichen Anteil am waldbaulichen Gelingen der Naturverjüngung im Ochsenberg hat der jagdlich passionierte Revierleiter Robert Schrenk. Hier steht er vor den etwa 15-jährigen gesunden Tannen, die sich selbst angesät haben und im Schutz der alten Fichten aufgewachsen sind. Diese 120-jährigen Bäume wurden im extrem trockenen Sommer 2019 geschwächt und vom Borkenkäfer getötet. Entsprechend musste man sie rasch fällen – doch darunter stand schon der junge, neue Wald (Bild: Jens Borchert).

Parallel zur Umstellung der Jagdstrategie wurden neue waldbauliche Prioritäten gesetzt. »Wir haben sofort ein Programm zum Erhalt der Mutterbäume gestartet, sprich, die wenigen alten Tannen stehen gelassen. Das Resultat: Plötzlich war auf Dutzenden von Hektaren alles voll mit Tannenverjüngung! Die kamen einfach aus anderen Teilen des Waldes angeflogen«, erinnert sich Jens Borchers. Denn anders als die Fichte, deren Samen mit den Zapfen im nahen Umkreis des Mutterbaums zu Boden fallen, streut die Tanne ihre Samen großzügig direkt von der Krone aus in die Luft. Dadurch ist sie in der Lage, sich auf große Distanzen auszubreiten und zu verjüngen: »Da gehört gar nicht viel dazu, denn junge Tannen brauchen wenig Licht und keimen selbst in sehr schattigen Lagen aus. Man muss sie nur vor Verbiss schützen, also den Wildbestand gering halten. Es wird noch immer unterschätzt, was der Wald kann, wenn man ihn nur lässt.«

Auf diese Weise ist fast ohne finanziellen Aufwand eine junge Wirtschaftswaldgeneration mit großer Baumartenmischung entstanden. Hinzu kommen die früher nur spärlich vorhandenen Brombeeren und sämtliche Straucharten. Diese Pflanzen tragen wesentlich zur Ernährung des Rehwildes bei und vermindern somit wiederum den Tannenverbiss. Eichelhäher bringen zudem aus entfernten Waldteilen, wo noch alte Eichen stehen, Eicheln zum Ochsenberg – und säen so eine neue Generation ihrer Futterbäume. Die durch die Jagd erreichten betriebswirtschaftlichen Vorteile sind enorm, wie folgende Rechnung zeigt: Bei den früher üblichen hohen Rehwildbeständen mussten im Ochsenberg für einen Hektar Mischwald mit Tannen zwischen 15 000 und 20 000 Euro ausgegeben werden, bis der aufwachsende Jungbestand als gesichert galt. Bei einer hundertjährigen Umtriebszeit vom Setzen bis zum Fällen der Bäume waren auf 350 Hektar Waldfläche im Durchschnitt jedes Jahr 3,5 Hektar durch Pflanzung zu verjüngen.

Wenn diese Kosten entfallen, weil sich der Wald selbst verjüngt, summiert sich die Einsparung auf wenigstens 52 500 Euro oder 150 Euro je Hektar und Jahr! Dagegen ist der Reinertrag, den die umliegenden Kommunen durch die Verpachtung der Jagd einnehmen, mit etwa fünf bis zehn Euro pro Hektar und Jahr – teilweise noch deutlich weniger – äußerst bescheiden. Ähnlich hohe Einnahmen erbringen nach Abzug der Kosten für die jagdliche Infrastruktur die Begehscheine für den Distrikt Ochsenberg. Der Vergleich macht deutlich, welches wirtschaftliche Poten-

Der Wald ist nicht statisch, sondern verändert sich – oft sogar radikal, wenn Bäume vom Wind geworfen, zur Holzernte gefällt werden oder natürlich absterben. Auch ein intensiv genutzter Wirtschaftswald kann ökologisch wertvoll und zugleich ästhetisch ansprechend sein (Bild: Jens Borchert).

Nur stabile Wälder bringen hohe Erträge

Wälder sind weit mehr als bloße Holzlieferanten – doch müssen sie eben auch den enormen Bedarf an Bau-, Möbel- und Brennholz sowie von Holzfasern decken: »Nachhaltigkeit hat ganz wesentlich mit Ökonomie zu tun. Meine Vision besteht daher nicht nur aus ansprechenden Waldbildern, sondern in einer auch finanziell nachhaltigen Forstwirtschaft«, bekennt Jens Borchers. Im Distrikt Ochsenberg erfolgt die Holzernte überwiegend im Großschirmschlag, wobei die schlagreifen Bäume einzeln oder truppweise gefällt werden. Bei einer Entnahme von 40 bis 100 Festmeter pro Hektar sind das bis zu 25 Prozent der alten Bäume: »Dabei legen wir größten Wert auf eine sensible Lichtsteuerung, um besonders die jungen Tannen gegenüber den Fichten zu fördern. Und dieser Verjüngung verschaffen wir immer mehr Licht, bis 90 Prozent des Altholzes geschlagen sind. Die alten Bäume werden so gefällt und aus dem Wald gebracht, dass die jungen Bäume möglichst wenig beschädigt werden.«

Nach der Holzernte ist bereits alles komplett verjüngt. Oben stehen nur noch die hohen Überhälter und sorgen als Samenbäume für die nächste Generation von Bäumchen. Sobald letztere hoch genug aufgewachsen sind, werden acht von zehn mit der Motorsäge herausgeschnitten: »Das ist sehr viel Arbeit und kostet sehr viel Geld. Aber es ist neben der konsequenten Jagd unsere einzige Investition! Wir pflanzen ja nicht und müssen kein Unkraut bekämpfen, sondern nur diese eine Reduzierung machen. Die allerdings ist extrem wichtig, damit die verbleibenden Bäume wieder in der Lage sind, große Wurzeln und mächtige Kronen auszubilden«, so Borchers. Für den Betriebsleiter haben Sturmwürfe und Borkenkäfer ihren Schrecken verloren: »Unter den alten Bäumen stehen auf der gesamten Fläche genügend junge Tannen, Fichten und eingestreute Laubbäume. Wenn Trockenheit, Sturm oder Borkenkäfer kommen, ist der neue Wald schon da.«

zial eine konsequente Jagdstrategie in sich birgt. Nicht mit einberechnet ist allerdings der enorme Zeitaufwand, den die fürstlichen Forstbediensteten größtenteils im Rahmen ihrer Freizeit erbringen. Dennoch liebt Jens Borchers seine Arbeit: »Wenn man versucht, das an einem Achtstundentag zu machen, wird man scheitern. Doch die Waldbilder, die wir so erreichen, lassen die Augen glänzen und entschädigen einen für den Aufwand. Ohne Herzblut kein erfolgreicher Waldbau!«

Die Mischung macht's

Das Pfaffenholz, ein Staatswald in Südthüringen

Das Revier Ummerstadt liegt 350 bis 400 Meter hoch im Landkreis Hildburghausen, etwa 20 Kilometer westlich von Coburg im südlichsten Zipfel Thüringens. Es umfasst eine 220 Hektar große Waldfläche namens Pfaffenholz, die zu den Gemarkungen der Stadt Heldburg gehört. Diese befindet sich im Besitz der ThüringenForst, einer Anstalt des öffentlichen Rechts, und wird vom Thüringer Forstamt Heldburg bewirtschaftet. Das Pfaffenholz ist also Landeswald, großflächig umgeben von Privat- und Kommunalwäldern der Stadt Heldburg. Natürlicherweise würden hier auf dem Fränkischem Keuper mit seinen warmen und oft sehr trockenen Sommern artenreiche Laubmischwälder wachsen, in denen Buchen, Eichen und Hainbuchen vorherrschen.

»Mein Ziel ist ein Dauerwald mit möglichst viel Mischung.«

Nach dem Krieg lag das Pfaffenholz im südlichsten Teil der DDR, in der man die Laubbäume noch zielstrebiger als in der damaligen Bundesrepublik durch Nadelhölzer ersetzte. »Mischwald war nicht gewollt. Stattdessen wurden die Flächen kahlgehauen, dann eingezäunt und mit Fichte oder Kiefer bepflanzt. Das war einfach, kontrollierbar, planbar und entsprach genau der in der DDR üblichen Planwirtschaft«, erinnert sich der Förster Jens Freiberger. »Das hat gut funktioniert, weil alles billig war und die Kosten keine Rolle spielten. Die Löhne waren niedrig, und die Holzzäune baute man aus Stangenholz, das bei der Pflege sowieso anfiel. Rehwild wurde damals nur sporadisch bejagt, denn die Verjüngung des Waldes fand ja nur künstlich in eingezäunten Flächen statt, wo sie vor Wildschäden geschützt waren.«

Als er die Revierleitung im Jahr 1994 übernahm, bestand das Pfaffenholz zu 80 Prozent aus Nadelbäumen, etwa zu gleichen Teilen aus Fichte und Kiefer; in den Überbleibseln des Laubmischwaldes standen noch ein paar damals 70 bis 90 Jahre alte Tannen: »Die Fichte gehörte hier schon immer nicht hin, weil sie nicht für unser Klima gemacht ist. Sie kommt ja aus dem nordeuropäischen Raum oder aus Hochlagen, wo es nicht nur kälter und feuchter ist, sondern wo auch infolge der kürzeren Vegetationszeiten der Borkenkäfer viel weniger Zeit hat sich zu vermehren«, erklärt Freiberger.

Tatsächlich werden die unter der Rinde lebenden Insekten erst ab Temperaturen von 16 bis 18 Grad aktiv; auf natürlichen Fichtenstandorten bringen sie daher während eines Sommers nur eine einzige Generation an Nachkommen hervor. »In unseren Lagen schaffen sie in besonders warmen Jahren bis zu drei Generationen und richten extreme Schäden an. Und auch ohne Käferbefall sind die Fichten in den zunehmend heißen und trockenen Sommern enorm gestresst«, so der Forstwirt.

In Zeiten der Erderwärmung ist der Umbau der unnatürlichen Fichtenforste zu naturnäheren Laubmischwäldern dringend geboten. Jens Freiberger war weitsichtig genug, um diese Notwendigkeit bereits vor 30 Jahren zu erkennen: »Ich bin schon im Studium an der Fachhochschule in Schwarzburg auf die Prinzipien der naturgemäßen Waldwirtschaft aufmerksam geworden. Auf Exkursionen habe ich vorbildliche Wälder gesehen, die nach diesen Prinzipien bewirtschaftet wurden, darunter den Hatzfeld-Wildenburg'schen Betrieb in Rheinland-Pfalz und die Wälder der Familie von Rotenhan in Rentweinsdorf. Was da alles gewachsen ist! Das ist ja nicht weit von Ummerstadt, und da habe ich mich gefragt, warum das in meinem Revier nicht wächst. Also habe ich Weiserflächen angelegt, wo ich ein kleines Stück Wald eingezäunt und beobachtet habe, wie sich das entwickelt. Nach vier, fünf Jahren hat man schon gesehen, wie groß der Unterschied ist zwischen innerhalb und außerhalb des Zauns. Naturverjüngung, also Bäumchen, die sich selbst angesät hatten, gab es nur innerhalb des Zauns, dazu jede Menge Kräuter; außerhalb kam von alldem nichts hoch. Es war also ganz offensichtlich, dass dieser

Ein Weiserzaun offenbart das »Waldsterben von unten« – und wie man es beenden kann: 1993 wurde unter einem etwa 80 Jahre alten Fichtenbestand eine kleine Fläche zu Studienzwecken eingezäunt. Das Bild links entstand 2015, also 22 Jahre nach dem Bau des wilddichten Zaunes, und zeigt den verheerenden Einfluss der überhöhten Rehbestände: Während im Schutz des Zaunes ohne menschliches Zutun die selbst aufgelaufenen Tannen, Fichten und einige Eichen bis zu 1,80 Meter hochgewachsen sind, haben außerhalb des Zaunes die hungrigen Mäuler jede Naturverjüngung verhindert.
Weil 2010 das Jagdkonzept umgestellt und die Zahl der Rehe dauerhaft stark abgesenkt wurde, konnten sich seither auch außerhalb des Zaunes einige Tannen ansiedeln. Vier Jahre später, wie im rechten Bild zu sehen, haben sie an Höhe zugelegt, vermögen aber den Entwicklungsvorsprung ihrer mittlerweile 2,50 Meter großen Schwestern im Zaun nicht mehr aufzuholen (Bilder: Georg Meister).

Im Pfaffenholz ist der allseits geforderte und dringend gebotene Waldumbau weit fortgeschritten. Wo in den 1990er Jahren nur gepflanzte, gleichaltrige Fichten standen, präsentiert sich drei Jahrzehnte später ein artenreicher, altersgemischter Dauerwald. Sämtliche Bäume sind durch Naturverjüngung von allein aufgegangen und wachsen, da die Rehzahlen konsequent niedrig gehalten werden, ohne Zaunschutz unbeschädigt auf. Ihren dichten Bestand hat man seither insgesamt vier Mal durchforstet, um seltene gegenüber häufigen Baumarten zu fördern. Der Stammrest einer abgestorbenen Fichte (Bildmitte) wird als Höhlen- und Biotopbaum stehen gelassen (Bild: Volker Müller-Schollenberger).

Naturschutz wird im Pfaffenholz großgeschrieben: In einer mächtigen Buche haben Schwarzspechte eine Höhle gezimmert und dort ihr Gelege ausgebrütet. Inzwischen sind die Jungvögel geschlüpft und werden gerade vom Vater gefüttert. Neben einem engen Netz aus Höhlen- und Horstbäumen, das Vögeln, Fledermäusen und Kleinnagern Rast- und Ruheplätze bietet, finden auch Amphibien in eigens angelegten Feuchtbiotopen geeignete Lebensräume (Bild: Volker Müller-Schollenberger).

Unterschied ausschließlich auf den Wildbestand zurückgeht. Und dann war klar, dass wir den dezimieren müssen, wenn wir wieder eine Naturverjüngung ermöglichen wollen« (siehe Kasten S. 197).

Bis dahin waren im Pfaffenholz pro Jahr im Durschnitt vier Rehe pro 100 Hektar Waldfläche geschossen worden. Zunächst versuchte der Staatsförster, die Abschusszahlen auf herkömmliche Weise zu steigern, durch Einzeljagd vom Hochsitz aus. Doch der Erfolg blieb aus: »1999 haben wir gesehen, dass wir so nicht weiterkommen, und erstmals eine große Drückjagd auf Rehwild gemacht. Im Folgejahr haben wir auf zwei Drückjagden pro Winter erhöht, und das machen wir bis heute, denn das verhindert Verbissschäden am effektivsten. Vom 15. Januar bis Anfang April ist dann Ruhe bei uns im Wald, da bringen die Ricken ihre Kitze zur Welt. Danach setzten wir auf Intervalljagd: Ab Mai jagen wir sehr intensiv in Einzeljagd und versuchen so viel wie möglich zu schießen. Dann lassen wir das Wild sechs Wochen zur Ruhe kommen, damit es sich frei bewegen kann und nicht flüchten muss. Dann folgt wieder eine Phase intensiver Jagd.« Mit dieser Strategie lag die Jagdstrecke pro Saison im Mittel der letzten 25 Jahre mit geringen Schwankungen bei 17 Stück Rehwild pro 100 Hektar Wald, so Freiberger. »Das ist deshalb so viel und wird auch in absehbarer Zeit nicht weniger werden, weil um uns herum an die 1 000 Hektar Privatwald und Kommunalwald liegt, der an private Jäger verpachtet ist. Wir versuchen zwar, die Nachbarn zum Mitmachen zu motivieren. Doch bis auf wenige Ausnahmen schießen diese nach wie vor weit unter zehn Stück je 100 Hektar.«

Die veränderte Jagdstrategie hat einen großen Einfluss auf die Entwicklung des Waldes. Mittlerweile ist kein Zaun mehr notwendig, um die jungen Bäumchen vor Verbiss zu schützen. »Doch mit der Jagd allein ist es nicht getan. Wir haben uns 1994 auch von der Kahlschlagwirtschaft verabschiedet. Und da kommt es darauf an, dass man genügend Licht in den Wald bringt, damit er sich verjüngen kann«, betont Jens Freiberger. In seinem Revier geschieht das durch regelmäßiges, blockweises Durchforsten aller Flächen im fünfjährigen Turnus – nach dem Leitspruch: »Früh, mäßig und oft.« Der hohe Arbeitsaufwand lohnt sich, wie man im Pfaffenholz sehen kann, denn dort verjüngen sich inzwischen sämtliche Baumarten ohne besondere Schutzmaßnahmen: Das sind neben den noch mit alten Mutter-

Auch dieses Waldstück hat sich innerhalb von drei Jahrzehnten radikal gewandelt: Nur wenige alte Kiefern und Fichten zeugen noch von dem ehemals reinen Nadelwald aus Bäumen gleichen Alters ohne jegliches Gehölz im Unterstand. Mittlerweile ist aus den Samen von vielerlei Altbäumen ein arten- und strukturreicher Mischwald aus Buchen, Douglasien, Eichen, Fichten, Kiefern, Linden und Roteichen entstanden, der sich ohne wilddichte Zäune natürlich verjüngt. Grundlage dieses erfolgreichen Waldumbaus waren vier Durchforstungen und die konsequente Bejagung der Rehe (Bild: Silke Freiberger).

bäumen vertretenen Fichten, Kiefern, Buchen, Eichen und Hainbuchen auch einst angepflanzte Arten wie Spitzahorn, Ulme, Linde, Birke, Aspe, Kirsche, Eberesche und Lärche sowie die aus Nordamerika oder Asien eingebrachte Douglasie, Weymouthskiefer und Baumhasel. Selbst die äußerst verbissempfindliche Weißtanne verjüngt sich aus Samen, die von allein anfliegen oder streifen- und platzweise ausgesät werden.

»Die Tanne gehört zwar natürlicherweise nicht hierher, aber wir schätzen sie als Mischbaumart. Denn sie ist sturmfest und bietet einen guten Ersatz für die Fichte, die bei uns zunehmend der Trockenheit und dem Borkenkäfer zum Opfer

Um den natürlichen Waldumbau zu beschleunigen, hat Jens Freiberger unter einem etwa 80 Jahre alten reinen Fichtenbestand Weißtannen angesät. Dazu ließ er zunächst mit einem vom Pferd gezogenen Streifenpflug ein 50 Zentimeter breites und zwei Zentimeter tiefes Saatbett im Waldboden vorbereiten. Auf den derart bloßgelegten Mineralboden wurden dann per Hand Samen ausgestreut; die daraus ausgekeimten Tannen sind inzwischen acht Jahre alt und 40 Zentimeter groß. Zu ihnen haben sich von selbst Eichen (Bildmitte), Kiefern, Lärchen, Fichten und Birken gesellt. Weil auch hier die Wildbestände niedrig gehalten werden, können alle Bäume unverbissen ohne Zaunschutz aufwachsen – und stehen als Jungwald bereit, wenn die alten Fichten geerntet werden oder infolge von Trockenstress absterben (Bild: Silke Freiberger).

Auch aus den ehemals reinen, nun mittelalten Kieferbeständen im Pfaffenholz haben sich durch natürliche Verjüngung üppige Mischwälder mit vielen Buchen und Eichen gebildet. Voraussetzung für diesen kostenlosen Waldumbau ist eine konsequente Bejagung und regelmäßiges Durchforsten: Dabei werden ältere Bäume geerntet und das Mischungsverhältnis im jungen Bestand durch gezielte Förderung gewünschter Baumarten reguliert (Bild: Silke Freiberger).

fällt«, erklärt Freiberger. Offenbar verträgt die Tanne die Trockenheit besser, als man früher dachte; möglicherweise hat sich die Art über Jahrhunderte an das trocken-warme Klima gewöhnt und zur lokal angepassten »Fränkischen Trockentanne« weiterentwickelt. Jedenfalls sehen die Tannen im Pfaffenholz selbst nach den trocken-heißen Sommern noch vergleichsweise gut aus. Den Kiefern macht die Hitze dagegen mehr zu schaffen als erwartet, und auch die bis zu 250 Jahre alten Eichenbestände leiden stark und tragen zusehends lichtere Kronen.

Mittlerweile hat sich das Pfaffenholz mächtig gewandelt. Der Anteil der Nadelhölzer ist von 80 auf 50 Prozent zurückgegangen – und jedes Jahr fällt ein weiterer Teil der einst in Reih und Glied gepflanzten Fichten Hitzestress und Käferfraß zum Opfer. Jens Freiberger beschreibt, wie es weitergehen soll: »Trotz der häufiger werdenden Witterungsextreme versuchen wir, möglichst viele der noch nicht befallenen Fichten und andere gesunde Altbäume zu erhalten, damit unter ihrem Schirm die jüngeren Bäumchen hochkommen. Bei den regelmäßigen Durchforstungen fördern wir besonders die seltenen Baumarten. Denn mein großes Credo lautet, eine gute Mischung zu erhalten oder zu schaffen.« Dieser Ansatz fußt auf wissenschaftlichen Erkenntnissen. Demnach weisen Reinbestände die höchste Anfälligkeit gegen widrige Umweltbedingungen und Schädlinge aller Art auf. Umgekehrt sind Mischbestände umso stabiler, je mehr Baumarten sie enthalten. »Unterschiedliche Arten können sich im Wurzelraum oder hinsichtlich der Lichtfrequenzen, die sie zur Photosynthese brauchen, gegenseitig ergänzen oder sogar unterstützen«, betont Freiberger und fasst sein Motto in ein Wortspiel: »Wer streut, der rutscht nicht.«

Entsprechend sieht der Forstingenieur sein Ziel in einem Dauerwald aus mindestens acht, besser zehn oder mehr Baumarten, die in gemischten Beständen aus unterschiedlich alten Bäumen wachsen und sich natürlich verjüngen: »Denn wir wissen ja nicht, was in den nächsten 30, 50 oder 100 Jahren kommt! Trotzdem müssen wir dann noch einen stabilen Wald mit einem gesunden Waldklima haben. Und da bleibt uns nichts anderes übrig, als möglichst viel auszuprobieren und für eine ungewisse Zukunft vorzuhalten. Das geht meiner Meinung nach nur über eine größtmögliche Mischung – und über eine möglichst naturnahe Bewirtschaftung.«

Ein Experiment unter freiem Himmel: der Weiserzaun

Es gibt eine einfache Methode, um den Einfluss von Wildtieren auf den Waldzustand zu erforschen. Dazu umgibt man eine 30 mal 30 Meter große Fläche mit einem wilddichten Zaun. Weiter geschieht nichts: Weder drinnen noch draußen werden die Böden gedüngt oder bearbeitet, auch nirgendwo Pflanzen entnommen, neu gesät oder gesetzt. Dann beobachtet man, wie viel und welche Vegetation sich mit der Zeit innerhalb und außerhalb dieses »Weiserzauns« oder »Weisergatters« entwickelt. Nach einigen Jahren zeigt sich, ob drinnen mehr oder andere Pflanzen aufwachsen als außerhalb. Ist dies der Fall, muss einzig das Wild für die Unterschiede ursächlich sein: Wo (zu) viele Rehe äsen, wachsen weniger bis gar keine Baumschösslinge und Kräuter auf. Weiserzäune eignen sich also hervorragend zur Beurteilung, ob in einem Wald die Zahl der Pflanzen und Pflanzenfresser in einem ausgeglichenen oder unausgeglichenen Verhältnis stehen. Über die Schieflage in vielen Wäldern, die sich in diesem einfachen Experiment offenbart, schrieb der Bayerische Waldbaureferent Karl Rebel schon im Jahr 1931: »Ich meine das Eintönigmachen des Waldes durch das Wild […]. Wollen Sie sich eine Einzäunung vergegenwärtigen. In der sehen Sie eine Fülle von […] Salweiden, Aspen, Weidenröschen: es ist eine grüne Oase mit weichem, frischem, tätigem Boden – außerhalb des Zaunes aber ist der Boden kahl, trocken, hart […]. Das nenne ich Waldtod.«

Naturgemäßer Wald(um)bau gelingt auch auf kleiner Fläche

Forstbetrieb Buchwäldchen, ein Privatwald in Brandenburg

Der Forstbetrieb Buchwäldchen ist nach dem gleichnamigen Dorf in der Niederlausitz benannt und liegt etwa 110 Kilometer südöstlich von Berlin im Bundesland Brandenburg. Die Waldböden sind zumeist nährstoffarm und weisen eine für Deutschland unterdurchschnittliche Güte auf. Auch die stark schwankenden Niederschläge liegen mit einem langjährigen Jahresmittelwert von 580 Millimetern unter dem Bundesdurchschnitt. Von Natur aus würde hier ein Mischwald aus Kiefern und Eichen wachsen; für ausgeprägte Buchenwälder ist das Klima zu trocken. Anders als von der Natur vorgesehen, machen derzeit Kiefern 93 Prozent der Altbäume aus. Im Mai 2003 erwarben Gunther und Wolf-Dieter Emmrich mehrere Waldstücke, die Teile des 1945 enteigneten Familienbesitzes einschließen, darunter den 173 Hektar großen Forstbetrieb Buchwäldchen. Die Brüder, die beide zunächst Forstwirt gelernt und später an der Hochschule Eberswalde studiert hatten, bewirtschaften den Betrieb gemeinsam mit ihren Familien. Seit 2004 üben sie die Jagd in ihrem Revier, das inklusive Acker- und Grünland mittlerweile eine Fläche von 200 Hektar umfasst, selbst aus. In den fünf ausgeprägten Dürrejahren ab 2017 war auch das Buchwäldchen von extremer Trockenheit betroffen.

»Wir wollen der nachfolgenden Generation ertragreiche und klimarobuste Mischwälder weitergeben.«

»Als waldbauliches Ziel haben wir uns die Entwicklung naturnaher, ertragreicher Mischwälder gesetzt, die auch mit dem bevorstehenden Klimawandel zu-

Dieses Waldstück grenzt unmittelbar an den Forstbetrieb »Buchwäldchen« und wird von den Emmrichs mitbejagt. Obwohl sie das Wild auf einem waldverträglichen Niveau halten, konnte sich der Wald hier nicht verjüngen. Weil die Eigentümer seit Jahrzehnten weder Durchforstungen vorgenommen noch Starkholz geerntet haben, kann durch das dichte Kronendach kaum Licht zum Waldboden vordringen. Merke: Damit ein arten- und strukturreicher Wald entstehen kann, braucht es neben einem durchdachten Wildmanagement auch waldbauliches Know-how (Bild: Gunther Emmrich).

rechtkommen. Unser Vater war zu DDR-Zeiten ein Naturschutz-Pionier und so hat die Natur in unserer Familie eine große Rolle gespielt. Im Studium haben wir dann vom Konzept des Dauerwalds gehört, das ja in Eberswalde von Alfred Möller entwickelt worden war. Und dieses Gedankengut fanden wir sehr schlüssig und dachten, wenn wir selber Wald haben, probieren wir das aus«, erzählt Gunther Emmrich. Zu dieser Zeit hatte der Graf Hatzfeldt große Waldflächen in Brandenburg gekauft; sein in Eigenjagd bewirtschaftetes Revier galt der Arbeitsgemeinschaft Naturgemäße Waldwirtschaft als Beispielbetrieb. Die Emmrichs durften den Hatzfeldt'schen Wald bei einer Exkursion begutachten. »Und siehe da, dort kam plötzlich unter den alten Kiefern jede Menge Nachwuchs, den man nicht pflanzen musste und wo es keinen Zaun brauchte, wenn man nur den Wildbestand richtig geregelt hatte. Die klassischen Förster und Jäger argumentierten zwar, in großen Wäldern mit mehreren Tausend Hektar sei es ja ganz einfach, die Wildbestände anzupassen – aber in kleinen Revieren wie unserem würde das nicht funktionieren. Wenig später konnten wir als einer der ersten Betriebe in Süd-Brandenburg zeigen, dass man auch auf kleineren Flächen waldverträgliche Reh- und Rotwildbestände erreichen kann.«

Dabei passten die Brüder ihre Jagdstrategie in dem Maße an, wie sich ihr Wald veränderte: »Anfangs konnte man von vorne bis hinten durch die Kiefernstämme durchsehen, denn dort wuchsen ja so gut wie keine jungen Bäumchen, die die Sicht verstellten. Also haben wir zunächst nur im Einzelansitz gejagt – allerdings deutlich mehr als früher, nämlich neun statt zwei Rehe pro 100 Hektar Wald. Das hat sehr schnell dazu geführt, dass wieder Naturverjüngung hochkam. Und als die jungen Bäume größer geworden sind, hatten wir mit der Einzeljagd weniger Erfolg. Damals haben wir mit den Bewegungsjagden angefangen, und so machen wir's heute noch«, berichtet Gunther Emmrich. Etwa die Hälfte der Strecke resultiert aus zwei bis drei Drückjagden im Herbst und Winter, der Rest aus Ansitzjagden.

In den 17 Jahren seit Revierübernahme durch Familie Emmrich liegen die Abschusszahlen mit durchschnittlich zehn Rehen pro 100 Hektar unvermindert hoch und erreichen damit etwa das Vierfache der angrenzenden Jagdgebiete.

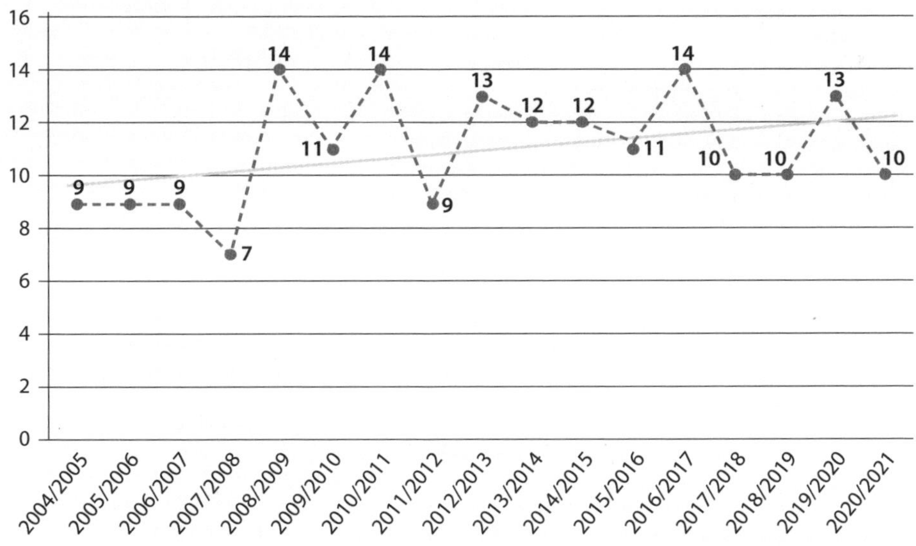

»Wenn die Streckenzahlen über lange Zeit stabil sind, bedeutet das, dass sich Zuwachs und Abschuss die Balance halten. Wenn wir mehr Tiere schießen würden als geboren werden, müssten die Strecken ja kontinuierlich runtergehen. Das ist aber nicht der Fall, im Gegenteil: Wir schießen heute im Durchschnitt sogar etwas mehr als am Anfang.« Den Grund dafür sieht der Förster im nachwachsenden Wald, der den Lebensraum und das Nahrungsangebot für die Rehe verbessert: »Bei uns müssen sie zur Nahrungssuche nicht mehr weite Strecken auf die Wiese zurücklegen, sondern finden jetzt in unserem naturnahen Wald, was sie brauchen. Und sie haben weniger Stress mit Artgenossen, weil jedem Tier mehr Fläche zur Verfügung steht.«

Gunther und Wolf-Dieter Emmrich wurden einst durch einen Beispielbetrieb zur naturgemäßen Waldwirtschaft inspiriert. Knapp 20 Jahre später dient ihr eigener Forstbetrieb als Lehrbeispiel für einen naturnahen Wald: 2023 zählten Forststudierende auf einer Fläche von 60 Hektar junge Bäumchen von insgesamt 28 Baumarten; davon hatten sich ganze 20 – neben Rotbuche, Stiel-, Rot- und Sumpfeiche auch Salweide, Moorbirke, Flatterulme und Walnuss – durch Naturverfüngung selbst ausgesät, die übrigen waren gepflanzt worden (Bild: Gunther Emmrich).

Unter den alten Kiefern wächst ein junger Mischwald heran. Die meisten Bäumchen haben sich selbst ausgesät, bei den Eichen halfen wohl Eichelhäher nach: Denn die Vögel legen im Herbst große Vorratsdepots an, die sie bei Bedarf treffsicher wiederfinden. Weil nur ein geringer Teil davon tatsächlich genutzt wird, keimen die übrigen Eicheln aus und wachsen zu neuen Futterbäumen heran. Um den Vögeln die »Pflanzarbeit« zu erleichtern, haben die Waldbesitzer einen mit Eicheln gefüllten Kasten für sie aufgestellt (Bild: Gunther Emmrich).

Um den Rehwildbestand unter Kontrolle zu halten, wird die Jagdstrategie im Forstbetrieb Buchwäldchen immer wieder neu überdacht, betont Gunther Emmrich. »Aktuell jagen wir im Frühjahr, wenn das Rehwild besonders aktiv ist, in Einzeljagden und Gruppenansitzen. Im Sommer werden alle Jagdeinsätze reduziert, damit die Tiere zur Ruhe kommen. Und ab Herbst machen wir dann die Bewegungsjagden.« Dazu verteilen sich etwa 30 Schützen im Wald. Das Wild wird mit mehreren kleinen Treibergruppen und einigen Hunden, die nur kurze Strecken vor dem Hundeführer voraus jagen, beunruhigt. Entscheidend für den Jagderfolg sei das Zusammenspiel aller Beteiligten: »Gut angeleitete, motivierte Treiber, verlässliche Hunde sowie engagierte und professionell handelnde Jäger sind das Wichtigste. Damit die Jagd für alle Beteiligten sicher und erfolgreich abläuft, müssen die Jagdstände sinnvoll verteilt und sauber freigeschnitten werden. Als besonders effizient haben sich die Bewegungsjagden bewährt, wenn sie großräumig gemeinsam mit den benachbarten Jagdbezirken durchgeführt werden.« Neben dem Rehwild werden so pro 100 Hektar etwa ein Stück Rotwild und zwei bis neun Wildschweine erlegt.

»Auf die Abschusszahlen kommt es uns dabei aber gar nicht an. Entscheidend ist, dass im Wald wieder die ganze Vielfalt unserer einheimischen Pflanzen wachsen kann«, betont Gunther Emmrich. Ob das gelingt, lässt sich an bestimmten Krautarten wie dem Weidenröschen ablesen, die den Rehen besonders gut schmecken und deshalb als Erste gefressen werden. »Wenn diese von den Rehen sehr gemochten Arten an Stellen, wo das Wild frei hingehen kann, zur Blüte kommen, dann ist das für uns ein Zeichen, dass das Verhältnis von Pflanzen und Pflanzenfressern zusammenpasst!«, so der Waldbesitzer und erklärt, warum er den Weidenröschen mehr vertraut als jedem Abschussplan: »Wenn das leckerste Pflänzchen im Wald blühen und Früchte bilden kann, dann schaffen das auch die anderen Pflanzen, die nicht ganz so lecker sind. Von unseren Waldbäumen sind die Eichen und Ebereschen besonders schmackhaft für die Rehe. Deshalb beobachten wir, ob diese verbissempfindlichen Baumarten in ausreichender Anzahl und Qualität aufwachsen können. Denn nur dann haben wir es mit waldverträglichen Wilddichten zu tun.«

Im Forstbetrieb der Emmrichs blühten die Waldweidenröschen schon wenige Jahre nach der Umstellung auf eine waldfreundliche Jagd. Auch die Eichen und

Neben Buchen, Eichen und weiteren Laubbäumen sind vor allem die Weißtannen unverzichtbar für einen resilienten Wald: Während die flach wurzelnden Fichten im Sturm einfach umkippen – wie am aufgestellten Wurzelteller im Bildhintergrund zu sehen –, sind Tannen mit ihrer Herzwurzel fest im Boden verankert. Zudem kommen sie besser mit der Trockenheit zurecht und helfen mit ihren leicht verrottenden Nadeln beim Aufbau von Humus. Im Buchwäldchen wachsen die Tannen heute wieder ohne Schutzmaßnahmen auf (Bild: Gunther Emmrich).

Ebereschen wachsen heute ohne Schutzmaßnahmen weitestgehend unverbissen auf. Als Folge der jagdlichen und forstlichen Umstellung haben sich in nur zwei Jahrzenten auf rund 100 Hektar gemischte Jungwälder entwickelt – größtenteils aus den Samen der dort wachsenden Mutterbäume: »Wo hauptsächlich alte Kiefern stehen, kommen natürlich auch wieder viele Kiefern hoch. Um die Vielfalt der Baumarten zu erhöhen, haben wir deshalb zusätzlich zur Naturverjüngung anfangs punktuell Ahorne, Eiben, Hainbuchen, Linden und Elsbeeren, aber auch die hier bei uns nicht heimischen Tannen, Lärchen und Douglasien gepflanzt«, berichtet Gunther Emmrich. Diese Bäumchen wachsen ebenfalls ohne Schutzmaßnahmen gegen Wild heran. Auf Bodenbearbeitung und Chemieeinsatz verzichten die Eigentümer. Die Holznutzung erfolgt über ein festes System von Rückegassen. Naturschutzmaßnahmen wie das Belassen von Totholz, Biotop- und Höhlenbäumen werden in die Waldbewirtschaftung integriert: »Nur so können wir das Buchwäldchen zu einem zukunftsfähigen Wald entwickeln, den wir guten Gewissens an die nachfolgende Generation weitergeben können.«

Wo bis zum Jahr 2004 ein reiner Kiefernforst stand, prägen knapp 20 Jahre später wieder Buchen das Bild (oben): Sie sind von selbst aus den Bucheckern einiger weniger 120 Jahre alter Bäume ausgekeimt. Die Früchte waren zuvor teils infolge der Schwerkraft, teils durch Zutun von Eichkätzchen und Eichelhähern an diese Stelle getragen worden. Dass die Bäume hier ohne Zaun aufwachsen können, gelingt nur durch die konsequente Bejagung des Rehwilds. Der Hochsitz im Bild unten ist einer von insgesamt 37 im Revier (Bilder: Gunther Emmrich).

Das Jagdgesetz hindert private Waldbesitzer am naturgemäßen Waldumbau

Wer ein Stück Wald sein Eigen nennt, kann damit längst nicht machen, was er will. Denn ein Waldbesitzer darf die Jagd nur selbst oder nach seinen Vorgaben ausüben, wenn sein Wald eine Mindestgröße aufweist – und zwar zusammenhängend, in einem Stück. Diese setzen die Bundesländer fest und sie beträgt mehrheitlich 75, in Brandenburg jedoch 150 Hektar. Wer ein kleineres Waldstück besitzt, wird kraft Gesetzes einem gemeinschaftlichen Jagdbezirk zugeteilt und findet sich zwangsweise als Jagdgenosse unter vielen wieder – und diese vielen haben oft andere Vorstellungen davon, wie viel Wild gejagt werden soll.

Die Emmrichs können ein Lied davon singen. Den 173 Hektar großen Forstbetrieb Buchwäldchen dürfen sie in Eigenjagd bewirtschaften. Im Jahr 2003 hat die Familie jedoch weitere Waldflächen erworben, die jeweils zu klein sind und folglich von der hiesigen Jagdgenossenschaft verwaltet werden. »Dort liegen die Wildbestände um ein Vielfaches höher als im Buchwäldchen. Die Folgen für den Wald sind extrem, ganze Jungbestände sind vom Rotwild geschält, die jungen Buchen total verbissen. Man schämt sich direkt, dass man Flächen besitzt, die so aussehen«, klagt Gunther Emmrich. »Ich würde es begrüßen, wenn man Eigentum und Jagd wieder mehr zusammenbringt, damit der Waldeigentümer die Chance hat, seine forstlichen Ziele zu erreichen. Es sollte möglich sein, dass man auch auf kleineren Flächen selber jagen darf und dass man sich nach dem Prinzip der Freiwilligkeit mit benachbarten Flächeneigentümern zusammenschließen kann, die ähnliche jagdliche und waldbauliche Ziele verfolgen.« Der Forstwirt hatte gehofft, dass in Brandenburg ein neues Jagdgesetz kommt, das den Eigentümern auch kleinerer Flächen die Jagdausübung in Eigenregie erlaubt. »Aber das ist vor allem durch die Widerstände des Landesjagdverbands ausgehebelt worden.«

Ein Wald für die Bürger

Der Stadtwald von Lohr am Main, Bayerns drittgrößter Kommunalwald

Lohr am Main liegt im Spessart zwischen Würzburg und Frankfurt. Die unterfränkische Stadt besitzt rund 4100 Hektar Wald, der obendrein reich an Holz ist. Allein der Vermögenswert beträgt gut 100 Millionen Euro, doch seine Leistungen fürs Gemeinwohl – als Garant für Trinkwasser und saubere Luft, Kühlung, Bodenschutz, Erholungs- und Lebensraum – summieren sich auf ein Vielfaches. Heute sind über zwei Drittel der Waldfläche als Schutzgebiete nach europäischem Naturschutzrecht Natura 2000 ausgewiesen. Umringt ist der Stadtwald von großen bayerischen Staatswaldrevieren und Privatwald. Die Böden sind sandig und arm an Nährstoffen. Sommer fallen eher kühl aus, Winter mäßig kalt, doch nehmen auch hier Wetterextreme mit Trockenheit, Stürmen und Starkregen zu. Alte Aufzeichnungen belegen, dass der Stadtwald noch vor 200 Jahren zu etwa 90 Prozent aus Buchen bestand, mit vielen Eichen und vereinzelten Birken, Aspen und weiteren Laubhölzern – ein natürlicher Laubwald.

»Unser Wasser kommt aus dem Wald. Damit das so bleibt, brauchen wir intakte, dichte Waldbestände mit guten Böden.«

Bis Anfang des 19. Jahrhunderts war der Stadtwald mit seinen bis zu 300 Jahre alten Buchen und teils sogar über 400 Jahre alten Eichen noch wild und romantisch. Doch der Druck auf die Ressourcen stieg: Man benötigte Holz und Fläche zum Betrieb von Eisen- und Glashütten, zum Abbau von Schwerspat und zur Nut-

Diese über zehn Jahre alten Buchen könnten bereits mehr als doppelt so groß sein. Weil der private Jagdpächter in seinem Revier jahrelang zu wenig Wild geschossen hat, sind die Bäumchen extrem verbissen und in ihrem Wachstum beeinträchtigt. Die hinten angrenzenden Buchenbestände wurden vor allem von den Rehen als Einstand genutzt. Auch sie sind durch Schälschäden und Verbiss vom Rotwild stark geschädigt: Obwohl schon 30 Jahre alt, messen diese Buchen nur etwas mehr als vier Meter und weisen eine mindere Holzqualität auf. Ähnliche Bilder sieht man noch heute im Staatswald; dagegen können im Stadtwald die Buchen mittlerweile ohne Schutzmaßnahmen unverbissen hochwachsen (Bild: Bernhard Rückert).

zung von Lohrinde. Um den Bau der Mainbrücke zu finanzieren, wurden viele der alten Eichen geschlagen. »Danach hat man gezielt den Nadelholzanteil erhöht«, berichtet Bernhard Rückert, der bis 2021 die Forstverwaltung des Stadtwalds leitete: »Die ersten Nadelbäume kamen ab 1900, auch schon Douglasien, die heute als 120-jährige Bäume noch in den Buchenbeständen stehen. Und als das gut klappte, wollte man daraus einen Wirtschaftswald mit immer mehr Nadelbäumen machen. In den 1960er Jahren war das Ziel, ihren Anteil von damals 40 auf 80 Prozent zu erhöhen. Das ist zum Glück aus verschiedenen Gründen misslungen.« Parallel zum Wandel der Forstwirtschaft änderte sich auch die Rolle der Jagd. Anfang des 19. Jahrhunderts vermehrten sich Rehe und Hirsche nur in dem Maße, wie der Wald sie ernähren konnte. Die heute 150 Jahre alten Waldbestände waren somit

In einem verpachteten Revier wurden die etwa zehnjährigen Jungfichten von Rehen stark verbissen, was ihre geringe Höhe und die kegelförmige Gestalt erklärt: Gesunde Bäumchen sind in diesem Alter mindestens doppelt so groß. Der Jagdpächter bemüht sich, den Waldzustand durch mehr Jagd zu verbessern. Tatsächlich sind die neben der Kegelfichte wachsenden, etwa drei- bis fünfjährigen Kiefern und Lärchen weniger stark verbissen. Diese positive Entwicklung kann nur dann anhalten, wenn die Jagd weiterhin ohne Nachlass betrieben wird. In der Praxis stellen die Jagdpächter ihre Bemühungen aber meist unmittelbar nach ersten Erfolgen ein (Bild: Bernhard Rückert).

durchwegs gemischt, gesund und von guter Holzqualität. Ab den 1950er Jahren wurde das Rot- und Rehwild dann zunehmend gehegt und gefüttert. So konnte es sich im Stadtwald und in den umliegenden Wäldern rasch vervielfachen und richtete dabei gravierende Schäden an den Bäumen und der Bodenvegetation an, die bis heute nachwirken.

Als Bernhard Rückert im Jahr 1991 die Leitung übernahm, war der Stadtwald in einem desolaten Zustand: »Er bestand damals nur noch gut zur Hälfte aus Laubholz. Viele der Buchenalthölzer gab es nicht mehr, weil man das Umtriebsalter auf 140 Jahre heruntergesetzt hatte. Diese Flächen waren meistens durch Kahlschlag abgeräumt und mit Nadelhölzern – Fichten, Kiefern, Douglasien und Lärchen – ausgepflanzt worden. Die Jungbestände waren kaum gepflegt und noch dazu vom

Wild stark verbissen und vor allem geschält, was ja in Laubwäldern das größere Problem darstellt.« An einer Veränderung schien niemand interessiert zu sein: »Erst als mein Vorgänger in Rente ging und zufällig im gleichen Jahr auch der Bürgermeister wechselte, bewegte sich was«, erzählt Rückert. Bald darauf stellte der junge Forstwirt die Bewirtschaftung der Altholzflächen um: Die Bäume sollten wieder deutlich älter und stärker werden. Kahlschlag war ab sofort tabu. Außerdem ließ er die Bestände besser pflegen – und setzte eine verstärkte Jagd durch, um die Wildschäden zu minimieren. Man erntete also zunächst weniger Holz und nahm entsprechend weniger Geld ein – eine Investition in die Zukunft.

Die Kurswende lief nicht ohne Kämpfe ab, denn in der Stadtpolitik, der Verwaltung und der Jägerschaft rumorte es: Traditionen und Vetternwirtschaft, Unwissenheit und Falschinformationen sowie persönliche Interessen erschwerten den Umschwung. Jäger und Jagdverband nutzten ihren politischen Einfluss, um ihre Interessen durchzusetzen. Konservative Privatwaldbesitzer, aber auch staatliche Forst- und Jagdbehörden stellten sich quer. »Doch der Bürgermeister stand dahinter. Und mit sehr viel Aufklärungsarbeit, auch mit Exkursionen in beispielhaft geführte Betriebe, konnten wir schließlich genügend Leute überzeugen«, erinnert sich Rückert. Das Jagdkonzept zu ändern, gelang nicht von heute auf morgen: »Bis alle Revierförster mitgemacht haben, hat es ein paar Jahre gedauert. Aber seitdem jagen wir nicht mehr wie früher das ganze Jahr über. Wir haben die Jagd den ganzen Sommer rigoros ausgesetzt und schießen im Winter dafür umso mehr, sowohl im Einzel- und Sammelansitz als auch durch Bewegungsjagden mit Stöberhunden. Und wir haben sämtliche Fütterungen, Kirrungen und Wildäcker aufgelöst. Danach ging der Wildbestand vor allem beim Rotwild überraschend schnell runter und hält sich heute auf einem waldverträglichen Niveau von geschätzt einem Viertel bis einem Drittel des früheren Bestandes.«

Mittlerweile befinden sich auch die ehemals an private Jäger verpachteten Flächen wieder in kommunaler Hand und werden von der städtischen Forstverwaltung selbst bejagt. Hier waren die Abschüsse ebenfalls zunächst deutlich angestiegen, teils um das Vierfache. Erst dann kam der Wendepunkt: Jetzt ist der Wildbestand an die Waldvegetation angepasst und es können neben der üppigen Buche auch junge Eichen und Weißtannen ohne besondere Schutzmaßnahmen aufwachsen.

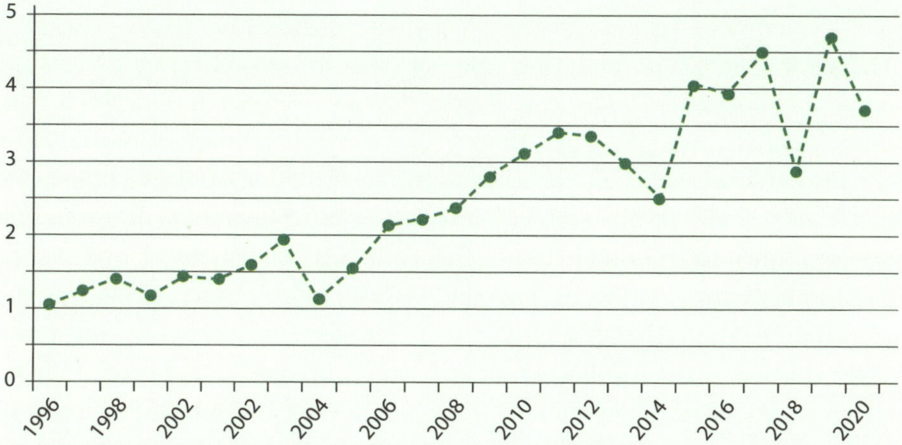

Jagdstrecke im Zeitraum von 1996 bis 2020 (in erlegten Rehen pro 100 Hektar). Heute werden jährlich etwa vier Rehe pro 100 Hektar geschossen, also etwa doppelt so viele wie vor der Umstellung der Jagdstrategie.

Etwa zehn Jahre nach der konsequenten Bejagung des Reh- und Rotwildes zeigt der Lohrer Stadtwald, was in ihm steckt: Einzelne Weißtannen (linker Bildrand) sind unmittelbar nach Umstellung der Jagd in die Höhe geschossen und nun bereits zwei Meter groß. Weitere Tannen und Buchen, die sich später selbst angesamt haben, wachsen ebenfalls ungestört in die Höhe und schließen den Bestand. Darunter stehen schon (im Bild nicht zu sehen) ein- bis zweijährige Buchen und einige Eichen. Was früher ausschließlich hinter wilddichten Zäunen möglich war, gelingt heute ohne jegliche Schutzmaßnahmen (Bild: Bernhard Rückert).

Wer jetzt durch den Wald geht, sieht wieder eine Vielzahl verschiedenartiger Bäume, Gehölze und Kräuter. Die Kinder begegnen Fröschen, Eidechsen oder Blindschleichen. Wer Glück hat, kann sogar einen der seltenen Schwarzstörche beim Fischen beobachten, die seit einigen Jahren wieder im Stadtwald brüten: Sie profitieren von den fast 80 künstlich angelegten Feuchtbiotopen, in denen sich zahlreiche Amphibien und Fische angesiedelt haben. Studierende der fachlichen Hochschulen spüren bei Exkursionen und Praktika seltene Fledermäuse, Spechte, Käfer und Pilze auf. Alle diese Organismen haben im Stadtwald, der ihnen nun wieder deutlich mehr »Totholz« und alte, starke Biotopbäume bietet, in deren Höhlen sie brüten und überwintern können, ihre ehemaligen Lebensräume wiedergefunden. Auch die Wildkatze kehrt allmählich in ihr festes Revier zurück, und sogar der heimliche und scheue Luchs zeigt sich immer öfter. Im neuen Stadtwald

So soll es sein: In diesem Buchenwald stehen Bäume jeden Alters und jeder Stärke auf der Fläche verteilt. Der Boden ist von einer vielfältigen Krautschicht bedeckt und von den mächtigen Bäumen komplett beschattet; das zwischen Boden und Krone herrschende Innenklima ist optimal für das Pflanzenwachstum und gedeihlich für die übrigen Waldlebewesen. Die alte Buche am rechten Bildrand steht schon seit 160 bis 180 Jahren, ihr Stamm weist auf Brusthöhe eine Stärke von gut 60 Zentimetern auf und kann – bei gleicher Holzqualität – noch bis mindestens 70 Zentimeter anwachsen. Schlagreife Bäume mit wirtschaftlich hohem Wert werden im Lohrer Stadtwald nur einzeln geerntet, um die optimalen Verhältnisse im umgebenden Wald nicht zu gefährden. Wirtschaftlich weniger wertvolle Altbäume überlässt man ihrem natürlichen Schicksal: Als Biotopbäume oder Totholz nähren und behausen sie zahlreiche Organismen und mehren so die Artenvielfalt im Wald (Bild: Bernhard Rückert).

Dieses Waldstück ist von der Holznutzung ausgenommen worden und nun der Natur überlassen. Hier zeigt sich der Wald in seinem differenzierten Aufbau aus Bäumen jeden Alters und vielerlei Arten, die sich durch unterschiedliche Qualitäten auszeichnen: Im Schatten der Altbäume wachsen zunächst zahlreiche junge Buchen hoch. Auf lichteren Stellen können auch einzelne Eichen dazukommen – sofern der Wildbestand gering gehalten wird und die Bäumchen unverbissen aufwachsen können. Dieser intakte Wald ist nicht nur ausgesprochen stabil gegenüber widrigen Umweltbedingungen und künftigen Kalamitäten, sondern auch wunderschön anzusehen und durch seine Steinpilzbestände ein verlockendes Ziel für Erholungssuchende (Bild: Bernhard Rückert).

kann er sich verstecken und dennoch ausreichend Wildschweine, Rothirsche und Rehe erbeuten, selbst wenn sie nicht mehr so zahlreich sind wie früher.

Der Klimawandel fordert auch den Wald. Wie gesund und widerstandsfähig er sein wird und ob seine Bewohner überleben können, hängt davon ab, wie natürlich, vielfältig und vital wir ihn aufwachsen lassen. »Darüber entscheidet jeder von uns mit, an vorderster Front aber die Förster und die Jäger. Die Jagd hat dabei die wichtigste und die entscheidende Rolle. Denn zu viel Wild verhindert die stetige Erneuerung und Mischung der Bäume und stellt das Überleben zukunftsfähiger Wälder infrage«, betont Bernhard Rückert. Doch er ist zuversichtlich: »Die Lohrer stehen zu ihrem Stadtwald. Und sie stehen zur Nutzung von Holz und auch zu unserer Form der Jagd, die für waldverträgliche Wildbestände und für hochwertige Lebensmittel sorgt.«

Der Wert des Waldes bemisst sich nicht am Holz allein

Lohr am Main wurde vom Bayerischen Umweltministerium als Modellregion für Biologische Vielfalt ausgewählt – unter anderem wegen seines Stadtwalds: Denn fünf Prozent der Waldfläche, also 200 von 4100 Hektar, bleiben als »Naturwaldflächen« sich selbst überlassen und dienen der Wissenschaft als Studienflächen. Weil auch im übrigen Wald weniger Bäume gefällt werden, liegen die Holzvorräte mit knapp 450 Kubikmetern gewachsenem Holz je Hektar weit über dem bayerischen Durchschnitt eines Laubmischwalds von bis zu 375 Kubikmeter.

»Wir wollen möglichst viel Biomasse anreichern, nicht nur als Wertholz, sondern auch als Totholz und Biotopholz. Denn das ist wichtig, damit der Wald seine Ökosystemleistungen und Gemeinwohlfunktionen erfüllen kann. Unser Trinkwasser kommt ja aus dem Wald, da brauchen wir intakte, dichte Bestände für den Bodenschutz«, betont Rückert. In den Wäldern ringsum offenbaren sich besonders nach Windwürfen massive Probleme: Durch Veränderungen des Waldinnenklimas verdunstet mehr Wasser und die Böden trocknen aus.

»Wir sehen ganz deutlich, dass unsere dichten, vorratsreichen Wälder auch stabiler sind und im Klimawandel besser dastehen. Natürlich gab es auch bei uns Windwürfe und Borkenkäfer. Aber das sieht man dem Wald überhaupt nicht an!« Bernhard Rückert ist inzwischen im Ruhestand. In seinen 33 Berufsjahren als forstlicher Leiter im Stadtwald hat er gelernt, dass das Ökosystem Wald mit den Herausforderungen einer sich wandelnden Umwelt am besten alleine fertigwird: »Wir haben uns bisher zu sehr mit den einzelnen Bäumen und ihrer Stabilität befasst. Wichtiger ist es, den Wald als einen Organismus zu betrachten und seine kollektive Stabilität zu erhalten, damit wird er allen Grundbedürfnissen unserer Gesellschaft gerecht.«

Mut zur Lücke

Forstrevier Eppelborn, ein Staatswald im Saarland

Das Saar-Bergland ist geprägt von weiten landwirtschaftlichen Flächen, durchsetzt mit kleineren und größeren Waldstücken. Dazu gehört auch das Forstrevier Eppelborn-Quierschied, das aus drei Teilflächen von 180, 250 und 300 Hektar besteht, die teils von einer Autobahn, teils von Feldern und Äckern begrenzt werden. Der Betrieb liegt etwa 30 Kilometer nördlich von Saarbrücken und ist Eigentum des Landes; die Jagdausübung kommt nach eigenen Vorgaben den SaarForst-Mitarbeitern und ausgewählten Jagdgästen zu.

»Wir orientieren unsere waldbauliche Behandlung an der Dynamik von Buchen-Urwäldern.«

Auf den gut mit Nährstoffen und Wasser versorgten, sandigen bis tonigen Lehmböden stünden von Natur aus wuchskräftige Wälder aus bis zu 40 Meter hohen Buchen sowie einer geringen Zahl von Eichen und weiteren Laubbäumen. Tatsächlich aber stellen im Saarland die Eichen, anders als von der Natur vorgesehen, einen weit höheren Anteil von gebietsweise über 30 Prozent der Waldbäume. Deren hartes, haltbares Holz eignet sich nämlich besser als Buchenholz zur Anlage von Stollen im Steinkohlebergbau. Daher wurden vor über 200 Jahren gezielt Eichen angebaut, die bis heute das Bild der Laubwälder prägen.

Die Buchen sind mit ebenfalls 30 Prozent vertreten, weitere 25 Prozent fallen auf Nadelbäume, allen voran Fichten, sowie die ursprünglich nicht hier heimischen Lärchen und Douglasien. Den Rest bilden seltene Edellaubhölzer und

Die fünf- bis siebenjährigen Tannen konnten unversehrt aufwachsen – und sind damit das einzige verlässliche Anzeichen für einen waldverträglichen Wildbestand. Tatsächlich wird dieses Waldstück im Lohrer Stadtwald seit 2009 in Eigenregie bejagt, um die Zahlen an Rehen und Hirschen auf niedrigem Niveau zu halten. Man toleriert den Umstand, dass immer noch vereinzelt junge Bäumchen verbissen werden, denn auch die Wiederkäuer haben ihre Daseinsberechtigung im Ökosystem. Trotzdem kann sich der Wald unter den alten Buchen, Fichten und Weißtannen natürlich verjüngen und wird auch in Zukunft artenreich und resilient sein (Bild: Bernhard Rückert).

Auf dieser kleinen Lichtung, die durch die Ernte einzelner, hiebsreifer Bäume entstanden ist, sind Eicheln ausgekeimt und ganz von selbst zu jungen Bäumchen hochgewachsen (Bild: Roland Wirtz).

lichthungrige Pionierbaumarten wie die Birke, die zu den ersten Besiedlern neuer Freiflächen zählt.

»Über den unnatürlich hohen Anteil von Eichen sind wir jetzt sehr glücklich, weil unsere Buchen infolge des Klimawandels extrem unter Hitzestress und Wassermangel leiden und massenhaft absterben. Die Eichen sind gegenüber Trockenheit und Wärme deutlich toleranter und deshalb weniger betroffen«, sagt Roland Wirtz, studierter Forstwirt und seit 2005 Leiter des Reviers Eppelborn. Damals befand sich der Wald in einem schlechten Zustand: Infolge überhoher Rehbestände waren Eichen und andere Laubbäume sowie die krautige Bodenvegetation extrem verbissen und eine Verjüngung nur in eingezäunten Flächen möglich. »Sie müssten unser Revier jetzt mal sehen! Das ist im Sommer eine grüne Hölle, überall stehen kleine Bäume, wie wir es uns im Dauerwald vorstellen«, beschreibt Wirtz den positiven Wandel und erzählt, wie er gelingen konnte: »Als ich das Revier vor knapp 20 Jahren übernommen habe, wurde dort noch ausschließlich die klassische Einzeljagd praktiziert. Den Wald sah man nur als Kulisse für die Jagd an. Ich habe dann durch die Auswahl der Jagdgäste dafür gesorgt, dass in unserem Sinne gejagt und ein gezieltes Wildmanagement praktiziert wird. Zuerst haben wir die Abschusszahlen enorm erhöht. Aber wir haben schnell gemerkt, dass wir auch mit sehr effektiver Einzelansitzjagd nichts Entscheidendes an der Naturverjüngung verbessern können. Die Eiche wurde auch weiterhin nahezu vollständig verbissen. Das heißt, diese Form der Jagd allein ist nicht geeignet, das Problem zu lösen.«

Um eine Vorstellung davon zu bekommen, wie viel Schalenwild in seinem Revier lebt und welchen Einfluss dieses auf die Vegetation hat, ließ Roland Wirtz in allen drei Teilflächen seines Reviers an ausgewählten Orten Weisergatter bauen. Die Idee dahinter: Wenn sich im Schutz des Zaunes deutlich mehr Pflanzenarten ansiedeln und schneller oder üppiger wachsen können als auf dem ungeschützten Waldboden, dann gibt es mehr Wild, als dem Wald guttut.

Der Förster führt aus: »Rehwildverbiss gehört ja zum Wald dazu und ist bis zu einem gewissen Ausmaß völlig in Ordnung. Doch an den Weisergattern haben wir gemerkt, dass trotz erhöhter Abschusszahlen bestimmte Baumarten und Begleitflora wie das Weidenröschen extrem verbissen wurden. Es musste also noch mehr passieren und so haben wir mit der Drückjagd begonnen. Zusammen

Naturgemäß bewirtschaftete Wälder liefern auch erstklassiges Wertholz: Diese rund 150 Jahre alten Buchen werden ab einem Stammdurchmesser von 70 Zentimetern einzeln oder truppweise geschlagen. Ein solcher Baum liefert fünf bis sechs Kubikmeter Holz und erzielte – nach Abzug der Erntekosten – bei einem Holzpreis von durchschnittlich 80 bis 100 Euro je Kubikmeter im Jahr 2023 insgesamt 400 bis 600 Euro. Gleichzeitig verjüngt sich der Wald und wächst gesichert und stabil weiter. Im Lohrer Stadtwald werden die Bäume nur bei Bedarf genutzt; so konnte sich dort ein vergleichsweise hoher Holzvorrat anreichern. Da in einem Kubikmeter Holz rund eine Tonne CO_2 gebunden ist, speichert dieser Wald je Hektar etwa 400 bis 500 Tonnen des klimaschädlichen Gases – und Jahr für Jahr kommen weitere acht bis zehn Tonnen dazu (Bild: Bernhard Rückert).

mit der Einzeljagd haben wir dann in zwei aufeinander folgenden Jahren um die 40 Rehe je 100 Hektar erlegt. Diese drastische Reduktion hat die Population auf ein waldverträgliches Maß gesenkt, das wir seitdem mit 10 bis 12 Rehen pro 100 Hektar pro Jagdjahr erhalten können. Und plötzlich kamen wieder ausreichend Mischbaumarten durch, besonders die Eiche, und es blühte plötzlich auch wieder das Weidenröschen außerhalb vom Zaun!« So ist es bis heute geblieben: Alle Baumarten, inklusive Eichen und Edellaubbäume, können sich spontan verjüngen und wachsen ohne Schutzmaßnahmen auf.

In den Lücken und Lichtschächten des Eichen-Buchen-Dauerwaldes (Bild oben) schieben sich junge Eichen, Berg-Ahorne sowie zahlreiche Bodenkräuter nach oben (Bild unten) und sorgen so für eine natürliche Verjüngung (Bilder: Roland Wirtz).

Allerdings gelingt es nur auf zwei der drei Teilstücke, die Bestände mit 10 bis 12 Abschüssen pro 100 Hektar auf einem niedrigen Niveau zu halten: Denn dort, wo diese beiden an die Autobahn grenzen, beschränkt ein Zaun die Zuwanderung von Wild aus anderen Revieren. Deshalb lässt sich die Population der Rehe in diesen Bereichen durch ein bis zwei winterliche Drückjagden entscheidend absenken, damit sie die neuen Triebe im Frühling nicht direkt abfressen. Wenn dann die Kitze zur Welt kommen, haben sie genug frisches Grün zu äsen. Ganz anders sieht die Lage im dritten Teilgebiet namens Urexweiler aus: Dieses rund 400 Hektar große Waldstück ist von landwirtschaftlichen Flächen umgeben, die gemeinschaftlichen Jagdbezirken angehören. »Weil dort bevorzugt Wildschweine und kaum ein Reh geschossen wird, wandern die Rehe zu uns. Drückjagden sind aus Sicherheitsgründen nicht möglich, weil eine Straße quert. Deshalb erfolgt der Abschuss durch Einzelansitz – und dabei erlegen wir Jahr für Jahr 40 bis 60 Rehe je 100 Hektar! Entsprechend schlimm ist der Verbiss der jungen Bäumchen und der Krautschicht. Und das wird sich auch in Zukunft nicht ändern, solange in den Nachbarrevieren nicht mehr geschossen wird«, betont Wirtz und entlarvt damit die irrige Behauptung vieler konventioneller Jäger, das Reh sei infolge zu intensiver Jagd in seinem Bestand bedroht.

In den anderen beiden Teilstücken kann der Wald dagegen ungebremst wachsen. Bezüglich dessen Bewirtschaftung erklärt der Förster: »Wir stellen das Ökosystem in den Vordergrund und beobachten, wie stark wir in seine Dynamik eingreifen und es nutzen dürfen, ohne es zu übernutzen. So versuchen wir die ökologische und ökonomische Nachhaltigkeit umzusetzen. Denn die Entwicklung der Trockenjahre seit 2018 zeigt uns: Unsere Wälder brechen zusammen, weil sie naturwidrig strukturiert sind. Da ist im Waldbau einiges schiefgelaufen, und das müssen wir ändern. Wir müssen es schaffen, dass unsere Wälder wieder auf großer Fläche widerstandsfähig sind – denn nur dann können wir sie langfristig nutzen und Holz profitabel ernten.« Aus diesen Überlegungen heraus setzte Roland Wirtz das Konzept eines Dauerwaldes um: »Wir wollen 10 Prozent der Betriebsfläche nicht mehr bewirtschaften und vollständig aus der Nutzung herausnehmen. Diese Flächen können wir beobachten und lernen, wie sich der unbeeinflusste Wald dort entwickelt. Die übrigen 90 Prozent werden bewirtschaftet.«

Aus dem ehemaligen Nadelholz-Forst entwickelt sich ein Laub-Mischwald. Diese bunte Mischung aus jungen Eichen, Buchen, Douglasien und Stechpalmen wurde nicht gepflanzt, sondern hat sich von selbst unter dem Schirm der alten Fichten und Douglasien angesiedelt (Bild: Roland Wirtz).

Eine alte Buche hat für die nächste Generation Platz gemacht – und das im wahrsten Sinne des Wortes: Durch ihren Tod ist ein Lichtschacht entstanden, in dem sogleich Hunderte Ahornsamen ausgekeimt sind und nun um die Wette wachsen. Das verrottende Holz der Buche düngt den Waldboden und nährt zahlreiche Insekten und weitere Organismen (Bild: Roland Wirtz).

Dabei nimmt sich der Forstwirt die Natur als Vorbild. »Im Urwald sterben Bäume ab, fallen um, reißen Nachbarn mit sich, und so entsteht eine Lücke, durch die Licht auf den Boden fällt und die die natürliche Verjüngung fördert. Solche kleinflächigen Lückensysteme versuchen wir durch die Holznutzung zu imitieren. Und so entsteht ein Mosaik aus unterschiedlichen Sukzessions-Phasen, das wir ausnutzen wollen: Zum Beispiel können wir in diesen Lücken gezielt die Naturverjüngung bestimmter Laubhölzer fördern oder auch Edelhölzer wie Wildkirsche oder Ahorn pflanzen. Dabei sollen mindestens 80 Prozent der Bäume von Standort-heimischen Baumarten stammen.«

Eine Aufnahme aus dem Jahr 2008 (Bild links) zeigt eine alte Buche, aus deren Stamm ein großer »Zwiesel-Ast« ausgebrochen ist und nun am Waldboden liegt. Im Lichtkegel der so entstandenen Lücke wachsen einzelne Buchen auf; was sonst an Laubbäumen aufkeimt, wird von den damals noch zu zahlreichen Rehen abgebissen. 15 Jahre später (Bild rechts) ist die alte Buche abgestorben, der Zwiesel-Ast weitgehend verrottet. Weil inzwischen der Rehbestand durch konsequente Jagd deutlich gesenkt wurde, konnten in der Lücke neben den Buchen auch Eichen und Vogelbeeren hochwachsen. Durch die gezielte Förderung dieser Mischbaumarten nimmt möglicherweise künftig eine mächtige Eiche den Platz der abgestorbenen Buche ein (Bilder: Roland Wirtz).

Die restlichen Bäume dürfen auch nicht heimische Arten wie Baumhasel aus den Karpaten oder Schwarznuss aus Nordamerika sein, erklärt Roland Wirtz. »Die wollen wir einzeln einmischen, um auszuprobieren, wie sie mit dem Klimawandel klarkommen. Aber die Ökologie, also der Erhalt oder die Wiederherstellung resilienter Waldökosysteme, gibt den Rahmen vor. Diesem Ziel werden alle anderen Ziele untergeordnet.« Möglichst gut einen Urwald nachahmen und zugleich einen ertragreichen Wirtschaftswald schaffen – geht das denn überhaupt? »Das ist ein anspruchsvolles Vorhaben«, gesteht Wirtz, »aber im Revier Eppelborn haben wir 30 Jahre lang gelernt, wie es gelingen kann.« Das dort entwickelte Bewirtschaftungskonzept ist inzwischen auf den übrigen SaarForst-Landesbetrieb ausgeweitet worden und damit für den gesamten Staatswald bindend.

Ein Mosaik aus verschiedenen Entwicklungsstadien charakterisiert diesen Buchen-Eichen-Dauerwald. Die Strukturvielfalt aus Licht und Schatten, Dickicht und Freiflächen ermöglicht mit ihren unterschiedlichsten Lebensräumen maximale Biodiversität – und bürgt zugleich für Widerstandskraft gegen widrige Klima- und Umweltbedingungen (Bild: Roland Wirtz).

Resilient, vielfältig und ertragreich: Urwälder machen es vor!

Ursprüngliche Buchenwälder sind extrem artenreich: Mehr als 4000 Pilz- und Pflanzen- sowie rund 6500 Tierarten, die meisten davon Insekten, finden dort ihr Auskommen. Der Großteil dieser Organismen, insbesondere gefährdete Arten, überlebt nur in reifen Wäldern, in denen ein Teil der Bäume natürlich altert und abstirbt. Gerade die Alterungs- und Zerfallsphasen fehlen in unseren herkömmlich bewirtschafteten Wäldern. Welche Voraussetzungen müssen erfüllt sein, damit ein Wirtschaftswald Holz liefern und zugleich ähnlich artenreich, robust und autark sein kann wie ein Urwald? Welchen Holzvorrat an lebenden und toten Bäumen braucht es, damit er seine natürliche Dynamik entfalten kann?
Um das herauszufinden, hilft ein Blick in Europas letzte Buchen-Urwälder – oder in ehemalige Wirtschaftswälder, die länger als 50 Jahre nicht mehr bewirtschaftet worden sind. Roland Wirtz kommt nach eigenen Untersuchungen zu dem Schluss: »Ein robuster Wirtschaftswald sollte einen Vorrat von mindestens 400 Kubikmetern Holz pro Hektar haben; das ist etwa zwei Drittel dessen, was in Urwäldern steht, aber deutlich mehr als im bundesweiten Durchschnitt heutiger Wälder. Außerdem müssen mindestens zehn Bäume je Hektar natürlich altern und umfallen dürfen, damit die für Urwälder typische Lückendynamik entsteht, wo sich neben den Bäumen die gesamte Vielfalt unserer Waldpflanzen und -tiere entfalten kann. Das sind bis zu 15 Prozent des Holzvorrats, also relativ viel. Aber für uns steht nicht die maximale Holznutzung im Vordergrund, sondern ein resilientes Waldökosystem, das die Biodiversität steigert, ein ästhetisches Landschaftsbild schafft und alle wichtigen Gemeinwohlfunktionen wie CO_2- und Wasserspeicherung oder Hochwasserschutz optimal erfüllt.«

Danksagung

Unser Dank gilt allen Eigentümern und Revierleitern der in diesem Buch präsentierten Beispielbetriebe – dafür, dass sie sich die Zeit genommen haben, ihre Betriebe vorzustellen, und sich damit in die Diskussion um die Zukunft unserer Wälder einbringen: Dr. Jens Borchers, Gunther Emmrich, Michael Fohl, Jens Freiberger, Dr. Gerhard Gaudlitz, Peter Langhammer, Bernhard Rückert und Roland Wirtz. Sie alle berichten von ähnlichen Schwierigkeiten, die ihnen bei ihrer selbstlosen Arbeit begegnet sind und noch begegnen. Für ihr unnachgiebiges Engagement, oft gegen erbitterte Widerstände, bekunden wir ihnen unsere Anerkennung. Der Vorsitzenden des Ökologischen Jagdvereins, Elisabeth Emmert, sowie dem Mitglied im Rat für Nachhaltige Entwicklung der Bundesregierung und Ehrenvorsitzenden des BUND, Professor Dr. Hubert Weiger, sei für wertvolle Diskussionsbeiträge zur Finalisierung der Texte gedankt. Weiter bedanken wir uns bei den Verantwortlichen vom Westend Verlag: bei Philipp Müller für das einfühlsame und gründliche Lektorat der Texte, bei Dr. Claudia Sabic für die ebenso freundliche wie professionelle Betreuung des Projekts und beim Geschäftsführer Markus J. Karsten für seinen Glauben an die Bedeutung dieses Buches und sein Festhalten daran, es posthum zu veröffentlichen.

Andreas Georg Meister und Monika Offenberger

Anmerkungen

Vorwort von Andreas Georg Meister

1 Josef Nikolaus Köstler: *Waldbau. Grundriß und Einführung als Leitfaden zu Vorlesungen über Bestandesdiagnose und Waldtherapie.* Berlin, Hamburg 1950, S. 398.
2 Bernhard Stanggassinger: Erinnerung an einen großen Forstmann: Erschließungsweg an der Weißwand heißt jetzt Dr.-Georg-Meister-Weg. *Berchtesgadener Anzeiger* vom 04.07.2022.

Natürliche Wälder in Deutschland

3 Karl Gayer: Der Kahlschlagbetrieb und die heutige Bestockung unserer Waldungen. *Forstwissenschaftliches Centralblatt,* 1879, S. 313.
4 Josef Nikolaus Köstler: *Waldbau. Grundriß und Einführung als Leitfaden zu Vorlesungen über Bestandesdiagnose und Waldtherapie.* Berlin, Hamburg 1950, S. 398
5 Wolfgang Schröder in: Horst Stern (Hrsg.): *Rettet den Wald.* München 1979.
6 Wolfgang Scherzinger: *Naturschutz im Wald. Qualitätsziele einer dynamischen Waldentwicklung.* Stuttgart 1996.
7 Axel Göttlein et al.: SicAlp – Standortsicherung im Kalkalpin. *Forstliche Forschungsberichte* Nr. 212, München 2014, S. 66.
8 Karl Rebel: *Waldbauliches aus Bayern.* 2. Band. Dießen vor München 1924, S. 69.
9 Carl Emil Diezel und Detlev Müller-Using: *Diezels Niederjagd.* Singhofen 1954.
10 Der genaue Quellenverweis lässt sich aus den Notizen des Autors nicht mehr rekonstruieren. Es ist davon auszugehen, dass sich das zitierte Werk in seinem umfangreichen Nachlass befindet.
11 Alois Schlögl (Hrsg.): *Bayerische Agrargeschichte.* München 1954, S. 713–714.
12 Josef Nikolaus Köstler: *Waldbau. Grundriß und Einführung als Leitfaden zu Vorlesungen über Bestandesdiagnose und Waldtherapie.* Berlin, Hamburg 1950.

Bauen, Heizen, Jagen

13 Norbert Benecke: *Der Mensch und seine Haustiere.* Stuttgart 1994.

14 Hansjörg Küster: *Geschichte des Waldes. Von der Urzeit bis zur Gegenwart.* München 1998, S. 124.

15 Franz M. Huber: Das Techeln der Schweine im Forst. *Unser Land*, 1/1989, S. 54.

16 Richard Plochmann in: Horst Stern (Hrsg.): *Rettet den Wald.* München 1979, S. 169.

17 Zitiert nach F. Ernst: Die Geschichte der Jagd. *Das Bayerland*, 11/1978, S. 4.

18 Simon Rottmanner: *Nothwendige Kenntniße und Erläuterungen des Forst- und Jagdwesens in Bajern.* München 1780, S. 28.

19 Ebenda, S. 75.

20 Ebenda, S. 78.

21 Götz von Bülow: Die Sudwälder von Reichenhall. *Mitteilungen aus der Staatsforstverwaltung Bayerns* Nr. 33, München 1962, S. 148.

22 Hans Carl von Carlowitz: *Sylvicultura Oeconomica oder Haußwirthliche Nachricht und Naturmäßige Anweisung Zur Wilden Baum-Zucht.* Leipzig 1713, S. 105.

23 Martin Knoll: *Umwelt – Herrschaft – Gesellschaft. Die landesherrliche Jagd Kurbayerns im 18. Jahrhundert.* Regensburg 2004.

Von Wäldern zu Baumplantagen

24 Der genaue Quellenverweis lässt sich aus den Notizen des Autors nicht mehr rekonstruieren. Es ist davon auszugehen, dass sich das zitierte Werk in seinem umfangreichen Nachlass befindet.

25 Carl Emil Diezel: *Erfahrungen auf dem Gebiete der Niederjagd.* 5. Auflage. Neudamm 1856.

26 Norbert Panek und Georg Sperber: *Wildnis, Rothirsch, Fichtenforst. Aldo Leopold und das »Deutsche Problem«.* Basdorf 2019, S. 11.

27 Der genaue Quellenverweis lässt sich aus den Notizen des Autors nicht mehr rekonstruieren. Es ist davon auszugehen, dass sich das zitierte Werk in seinem umfangreichen Nachlass befindet.

28 Der genaue Quellenverweis lässt sich aus den Notizen des Autors nicht mehr rekonstruieren. Es ist davon auszugehen, dass sich das zitierte Werk in seinem umfangreichen Nachlass befindet.

29 Carl Emil Diezel: *Erfahrungen auf dem Gebiete der Niederjagd.* Vorrede zur ersten Auflage. Gotha 1852.

30 Carl Emil Diezel: *Erfahrungen auf dem Gebiete der Niederjagd.* 5. Auflage. Neudamm 1856, S. 329.

31 Königlich Bayerisches Ministerial-Forstbureau: *Forstliche Mittheilungen.* 3. Band. München 1861.

32 Carl Emil Diezel: *Erfahrungen auf dem Gebiete der Niederjagd.* 5. Auflage. Neudamm 1856.

33 Josef Nikolaus Köstler: *Waldbau. Grundriß und Einführung als Leitfaden zu Vorlesungen über Bestandesdiagnose und Waldtherapie.* Berlin/Hamburg 1950.

34 Der genaue Quellenverweis lässt sich aus den Notizen des Autors nicht mehr rekonstruieren. Es ist davon auszugehen, dass sich das zitierte Werk in seinem umfangreichen Nachlass befindet.
35 Königlich Bayerisches Ministerial-Forstbureau: *Forstliche Mittheilungen*. 2. Band. München 1858.
36 *Die Forstverwaltung Bayerns*. München 1861, S. 25.
37 Maximilian Robert Preßler: *Der rationelle Waldwirth und sein Waldbau des höchsten Ertrags*. Dresden 1858.
38 Alois Schlögl (Hrsg.): *Bayerische Agrargeschichte*. München 1954, S. 718.
39 Persönliche Notizen von Bernhard Rückert, Lohr, undatiert.

Die Natur schlägt zurück

40 Richard Plochmann und Christoph Hieke: Schadenereignisse in den Wäldern Bayerns. *Forstliche Forschungsberichte München* Nr. 71, München 1986.
41 Karl Gayer: *Der Waldbau*. Berlin 1880, S. 2.
42 Ebenda.
43 Karl Gayer: Der Kahlschlagbetrieb und die heutige Bestockung unserer Waldungen. *Forstwissenschaftliches Centralblatt*, 1879, S. 313–326.
44 Ebenda.
45 Karl Gayer: *Der Gemischte Wald*. Berlin 1886.
46 Ebenda.
47 Karl Gayer: *Der Waldbau*. Berlin 1880, S. 80.
48 Heinrich Rubner: *Deutsche Forstgeschichte 1933–1945*. St. Katharinen 1997, S. 270.
49 Friedrich von Gagern: *Bürschen und Böcke*. Stuttgart 1928.
50 Hermann von Fürst: Deutschlands Jagdthiere einst und jetzt. *Der Deutsche Jäger*, München 1882, S. 13.
51 Wolfgang Mantel: Ein Manifest für die Bodenreinertragslehre. *LWF-Merkblatt* Nr. 67, München 2008.
52 Zitiert nach Blümich: EStG etc., EStG §34b. Beck online, S. 3.
53 Alfred Möller: *Der Dauerwaldgedanke. Sein Sinn und seine Bedeutung*. Berlin 1922.
54 Ebenda.
55 Zitiert nach Norbert Panek und Georg Sperber: *Wildnis, Rothirsch, Fichtenforst. Aldo Leopold und das »Deutsche Problem«*. Basdorf 2019.
56 Karl Rebel: Naturschutz im Wald. *Blätter für Naturschutz und Naturpflege*, 12. Jahrgang, Heft 1/2, München 1929, S. 15–23.
57 Karl Rebel: Naturschutz im Wald. *Blätter für Naturschutz und Naturpflege*, 12. Jahrgang, Heft 1/2, München 1929.
58 Zitiert nach Norbert Panek und Georg Sperber: *Wildnis, Rothirsch, Fichtenforst: Aldo Leopold und das »Deutsche Problem«*. Basdorf 2019.
59 Ebenda.

60 Ebenda, S. 47 ff.

61 Wissenschaftliche Dienste des Deutschen Bundestags (Hrsg.): *Entstehungsgeschichte des Bundesjagdgesetzes.* Berlin 2004, S. 3.

62 Eugen Syrer: 150 Jahre Jagdpolitik. In: Verein zum Schutz der Bergwelt (Hrsg.): *Jahrbuch des Vereins zum Schutz der Bergwelt.* Band 55. München 1990, S. 25.

63 Johannes Dietlein: Rechtsgeschichte der Jagd. In: Johannes Dietlein und Judith Froese (Hrsg.): *Jagdliches Eigentum, Bibliothek des Eigentums.* Band 17. Berlin, Heidelberg 2018.

64 Richard Plochmann: *Mensch und Wald.* In: Horst Stern (Hrsg.): *Rettet den Wald.* München 1979, S. 196–198.

65 Georg Sperber: Der Umgang mit dem Wald – eine ethische Disziplin. In: Hermann Hatzfeldt (Hrsg.): Ökologische Waldwirtschaft. *Grundlagen, Aspekte, Beispiele.* Heidelberg 1994, S. 37–39.

66 Heinrich Rubner: *Deutsche Forstgeschichte 1933–1945.* St. Katharinen 1997, S. 270.

Waldwende in der Warteschleife

67 Willy Wobst: *Ein Leben für den Wald und die Arbeitsgemeinschaft Naturgemäße Waldwirtschaft – ANW in bewegten Zeiten.* Verfasst 1975, überarbeitet und herausgegeben von Hermann Wobst 2009, S. 15.

68 Richard Plochmann: *Mensch und Wald.* In Horst Stern (Hrsg.): *Rettet den Wald,* München 1979, S. 197.

69 Josef Nikolaus Köstler: *Waldbau. Grundriß und Einführung als Leitfaden zu Vorlesungen über Bestandesdiagnose und Waldtherapie.* Berlin 1950.

70 Ebenda.

71 Bayerische Staatsforstverwaltung: *Jahresberichte 1952 bis 1954.*

72 Alois Schlögl (Hrsg.): *Bayerische Agrargeschichte.* München 1954, S. 757.

73 Paul Lang: Streifzug durch die Forstgeschichte. In: Hermann Hatzfeldt (Hrsg.): Ökologische Waldwirtschaft. *Grundlagen, Aspekte, Beispiele.* Heidelberg 1994, S. 30.

74 Ebenda.

75 Alexander Riedel: Wald in Not. Die Lage des Waldes in den neuen Ländern. In: *Die Lage des Waldes. 10 Jahre Stiftung Wald in Not.* Bonn 1995.

76 Hermann Wobst: *Der Dauerwald.* Sonderheft der Arbeitsgemeinschaft Naturgemäße Waldwirtschaft (ANW) e. V. Schmallenberg 2020.

77 Willy Wobst: *Ein Leben für den Wald und die Arbeitsgemeinschaft Naturgemäße Waldwirtschaft – ANW in bewegten Zeiten.* Verfasst 1975, überarbeitet und herausgegeben von Hermann Wobst 2009, S. 18.

78 Paul Lang: Streifzug durch die Forstgeschichte. In: Hermann Hatzfeldt (Hrsg.): Ökologische Waldwirtschaft. *Grundlagen, Aspekte, Beispiele.* Heidelberg 1994, S. 32.

79 Georg Sperber: Die Geschichte des Naturschutzes in den bayerischen Staatswäldern und der Einfluß der naturgemäßen Waldwirtschaft. *Mitteilungen aus der Bayerischen Staatsforstverwaltung,* Heft 51, Band 1, 2002, S. 251 ff.

80 Werner Roßmäßler in Deutscher Forstverein (Hrsg.): Jahresbericht des Deutschen Forstvereins 1958. Bonn 1958, S. 151.

81 Hans Gussone: *Ein erfülltes Jägerleben.* Hamburg 1959.

82 Detlev Müller-Using: *Grosstier und Kulturlandschaft im mitteleuropäischen Raum.* Göttingen 1960, S. 40.

83 Ebenda, S. 143.

84 Zitiert nach *Die Lage des Waldes,* Hamburg 1984, S. 103.

85 Hans Dieckert: *Hirschgeschichten aus einem Forstamt.* Hannover 1982, S. 26.

86 Ebenda, S. 175.

87 Ebenda, S. 89.

88 Ebenda, S. 99.

89 Konrad Esterl: *Das Jagen, das ist halt mein Leben.* Melsungen 2011, S. 55.

90 Ebenda, S. 143.

91 Ebenda, S. 234.

92 Ebenda, S. 94.

93 Ebenda, S. 115.

94 Brandstiftung. Schaun's in die Ramsau. *Der Spiegel* vom 05.08.1952.

95 Ebenda.

96 Ebenda.

97 Reiner Suck et al.: Karte der Potenziellen Natürlichen Vegetation Deutschlands. *BfN-Schriften* Nr. 377, 3. Band, Bonn 2014.

98 Götz von Bülow: Das Rotwild im Bayerischen Wald. *Jahresbericht des Bayerischen Forstvereins,* 1960/61, S. 143 ff.

99 Horst Stern: *Sterns Stunden. Bemerkungen über eine Urlaubslandschaft. Bemerkungen über den Rothirsch.* München 1989.

100 Zitiert nach Georg Sperber: Die Geschichte des Naturschutzes in den bayerischen Staatswäldern und der Einfluß der naturgemäßen Waldwirtschaft. *Mitteilungen aus der Bayerischen Staatsforstverwaltung* Nr. 51, Band 1, 2002, S. 251 ff.

101 Bernhard Ücker: Der Bayerische Waldfunktionsplan. *Zeitschrift Natur- und Umweltschutz* Nr. 1, 1972.

102 Der Wald stirbt. Saurer Regen über Deutschland. *Der Spiegel* vom 15.11.1981.

103 Rainer Friedrich: *Luftschadstoffemissionen. Entwicklung in den letzten Jahrzehnten und Projektion in die Zukunft.* Vortrag am Institut für Energiewirtschaft und Rationelle Energieanwendung der Universität Stuttgart, 10.10.2007, https://web.archive.org/web/20130927051659/http://www2.ier.uni-stuttgart.de/publikationen/pb_pdf/Friedrich_Stuttgart_2007.pdf (zugegriffen: 30.06.2023).

104 Roland Schäfer und Birgit Metzger: Was macht eigentlich das Waldsterben? In: Patrick Masius et al. (Hrsg.): *Umweltgeschichte und Umweltzukunft: Zur gesellschaftlichen Relevanz einer jungen Disziplin.* Göttingen 2009, S. 204.

105 Norbert Panek und Georg Sperber: *Wildnis, Rothirsch, Fichtenforst. Aldo Leopold und das »Deutsche Problem«*. Basdorf 2019, S. 77.
106 Reinhold Erlbeck et al.: *Das Wald- und Forstlexikon*. Stuttgart 1998, S. 710.
107 *Süddeutsche Zeitung* vom 07.04.1990.
108 Schreiben des Leiters der Bayerischen Staatsforstverwaltung vom 26.03.1990.
109 *Allgemeine Forstzeitschrift* vom 20.05.1990, S. 474.
110 Norbert Panek und Georg Sperber: *Wildnis, Rothirsch, Fichtenforst. Aldo Leopold und das »Deutsche Problem«*. Basdorf 2019, S. 84.
111 *Süddeutsche Zeitung* vom 27.11.1993.
112 Bundesverfassungsgericht, Beschluss vom 31.05.1990 – 2 BvL 12/88, 2 BvL 13/88, 2 BvR 1436/87, BVerfGR 82, 159–198, Rn 117,118 (juris); auch Rn. 110, 111.
113 Minister für Wirtschaft: Waldbautechnische Rahmenrichtlinie für die Bewirtschaftung des öffentlichen Waldes im Saarland, Grundsatzverfügung. Saarbrücken 1992, OCLC 46184892.
114 Norbert Panek und Georg Sperber: *Wildnis, Rothirsch, Fichtenforst. Aldo Leopold und das »Deutsche Problem«*. Basdorf 2019, S. 90.
115 Ebenda.
116 Georg Sperber: »German Problem«. Eine Zwischenbilanz. *Nationalpark* Nr. 85, 1994.

Wald im Klimawandel: Jetzt handeln!

117 Deutscher Verband Forstlicher Forschungsanstalten (DVFFA): Anpassung der Wälder an den Klimawandel. Positionspapier des DVFFA vom 09.09.2019.
118 Bundesministerium für Ernährung und Landwirtschaft (BMEL): Nationale Waldstrategie 2050. Herausforderungen und Chancen für Mensch, Natur und Klima. Berlin 2021.
119 Statistisches Bundesamt (DESTATIS): Publikation Forstwirtschaftliche Bodennutzung, Holzeinschlagsstatistik, 2021.
120 Bundesministerium für Ernährung und Landwirtschaft (BMEL): Ergebnisse der Waldzustandserhebung 2020. Bonn 2021.
121 IPCC-Sachstandsbericht (AR6). Arbeitsgruppe I: Naturwissenschaftliche Grundlagen, 2021
122 Bundesministerium für Ernährung und Landwirtschaft (BMEL): Ergebnisse der Waldzustandserhebung 2020. Bonn 2021.
123 Hans Bibelriether: *»Natur sein lassen« – Naturerbe bewahren.* In: Hans Knapp, Siegried Klaus und Lutz Fähser (Hrsg.): *Der Holzweg. Wald im Widerstreit der Interessen.* München 2021, S. 59.
124 Bundesministerium für Ernährung und Landwirtschaft (BMEL): *Der Wald in Deutschland.* Ausgewählte Ergebnisse der dritten Bundeswaldinventur. Bonn 2014, S. 18.
125 Ebenda, S. 19.
126 Bundesministerium für Ernährung und Landwirtschaft (BMEL): Dritte Bundeswaldinventur 2012. Bonn 2014, S. 35.

127 Monika Offenberger: Ökosystemforschung – Pflanzenvielfalt fördert Stabilität von Nahrungsnetzen. *ANLiegen Natur* 42 (1), Laufen 2020, S. 91 ff.

128 Bundesministerium für Ernährung und Landwirtschaft (BMEL): Der Wald in Deutschland. Ausgewählte Ergebnisse der dritten Bundeswaldinventur. Bonn 2014, S. 27.

129 Norbert Panek: Holzfabrik in der Krise. In: Hans Knapp, Siegfried Klaus und Lutz Fähser: *Der Holzweg. Wald im Widerstreit der Interessen*, München 2021, S. 165.

130 Bundesministerium für Ernährung und Landwirtschaft (BMEL): Dritte Bundeswaldinventur 2012. Bonn 2014, S. 34.

131 Der genaue Quellenverweis lässt sich aus den Notizen des Autors nicht mehr rekonstruieren. Es ist davon auszugehen, dass sich das zitierte Werk in seinem umfangreichen Nachlass befindet.

132 Hans Knapp, Siegfried Klaus und Lutz Fähser (Hrsg.): *Der Holzweg. Wald im Widerstreit der Interessen*. München 2021, S. 9 ff.

133 Michael Succow: Geleitwort. In: Hans Knapp, Siegfried Klaus und Lutz Fähser (Hrsg.): *Der Holzweg. Wald im Widerstreit der Interessen*. München 2021, S.11 ff.

134 Deutscher Verband Forstlicher Forschungsanstalten (DVFFA): Anpassung der Wälder an den Klimawandel. Positionspapier des DVFFA vom 09.09.2019, S. 4.

135 Ebenda, S. 3.

136 Pierre Ibisch: Karbonisierung der Weltumweltpolitik oder ökosystembasierte Nachhaltigkeit? In: Jörg Sommer und Michael Müller (Hrsg.): *Unter 2 Grad? Was der Weltklimavertrag wirklich bringt*. Stuttgart 2016, S. 89 ff.

137 Pierre Ibisch et al.: Wie das Klimaschutznarrativ die Wälder bedroht. In: Hans Knapp, Siegfried Klaus und Lutz Fähser (Hrsg.): *Der Holzweg. Wald im Widerstreit der Interessen*. München 2021, S. 183.

138 Udo Mantau: *Holzrohstoffbilanz Deutschland. Entwicklung des Holzaufkommens und der Holzverwendung 1987 bis 2016*. Hamburg 2019.

139 László Maráz: Forst versus Wald. Ein Konflikt eskaliert. In: Hans Knapp, Siegfried Klaus und Lutz Fähser (Hrsg.): *Der Holzweg. Wald im Widerstreit der Interessen*. München 2021, S. 43 ff.

140 Julia Klöckner: Vorwort. In: Bundesministerium für Ernährung und Landwirtschaft (BMEL): Nationale Waldstrategie 2050. Herausforderungen und Chancen für Mensch, Natur und Klima. Berlin 2021.

141 Ebenda, S. 22.

142 Pierre Ibisch et al.: Wie das Klimaschutznarrativ die Wälder bedroht. In: Hans Knapp, Siegfried Klaus und Lutz Fähser (Hrsg.): *Der Holzweg. Wald im Widerstreit der Interessen*. München 2021, S. 184 ff.

143 Bundesministerium für Ernährung und Landwirtschaft (BMEL), Wissenschaftlicher Beirat für Waldpolitik: *Eckpunkte der Waldstrategie 2050*. Bonn 2020, S. 27.

144 Pierre Ibisch: Karbonisierung der Weltumweltpolitik oder ökosystembasierte Nachhaltigkeit? In: Jörg Sommer und Michael Müller (Hrsg.): *Unter 2 Grad? Was der Weltklimavertrag wirklich bringt*. Stuttgart 2016, S. 181.

145 Thomas Riedel et al.: Wälder in Deutschland sind eine wichtige Kohlenstoffsenke. *AFZ-Der Wald* Nr. 14, 2019, S. 14ff.

146 Bundesministerium für Ernährung und Landwirtschaft (BMEL): Der Wald in Deutschland. Ausgewählte Ergebnisse der dritten Bundeswaldinventur. Bonn 2014, S. 36ff.

147 Burkhard Beudert und Franz Leibl: Wirtschaftswälder und Naturwälder als Kohlenstoffspeicher im Vergleich. In: Hans Knapp, Siegfried Klaus und Lutz Fähser (Hrsg.): *Der Holzweg. Wald im Widerstreit der Interessen*. München 2021, S. 244.

148 Bundesministerium für Ernährung und Landwirtschaft (BMEL): Ergebnisse der Bundeswaldinventur 2012. Bonn 2014, S. 209ff.

149 Burkhard Beudert und Franz Leibl: Wirtschaftswälder und Naturwälder als Kohlenstoffspeicher im Vergleich. In: Hans Knapp, Siegfried Klaus und Lutz Fähser (Hrsg.): *Der Holzweg. Wald im Widerstreit der Interessen*. München 2021, S. 245.

150 Ebenda.

151 Statistisches Bundesamt (DESTATIS): Umweltökonomische Gesamtrechnungen – Waldgesamtrechnung, Berichtszeitraum 2014–2017, 2019.

152 Burkhard Beudert und Franz Leibl: Wirtschaftswälder und Naturwälder als Kohlenstoffspeicher im Vergleich. In: Hans Knapp, Siegfried Klaus und Lutz Fähser (Hrsg.): *Der Holzweg. Wald im Widerstreit der Interessen*. München 2021, S. 249.

153 Bundesverfassungsgericht, BVerfGE 82, 159–198, Beschluss vom 31.05.1990.

154 Norbert Panek: Holzfabrik in der Krise. In: Hans Knapp, Siegfried Klaus und Lutz Fähser (Hrsg.): *Der Holzweg. Wald im Widerstreit der Interessen*. München 2021, S. 173ff.

155 Pierre Ibisch et al.: *Konzept zur Förderung der Funktionen und Leistungen von Waldökosystemen in Deutschland*. Gutachten im Auftrag der Bundestagsfraktion von Bündnis 90/Die Grünen. Eberswalde 2021, S. 30.

156 Ebenda, S. 8.

157 Arbeitsgemeinschaft Deutscher Waldbesitzerverbände (AGDW): Presseerklärung zur Informationskampagne »Wald ist Klimaschützer«, Berlin 2019.

158 Ebenda.

159 NABU (Naturschutzbund Deutschland e. V.): Waldprämie an ökologische Leistungen knüpfen. Pressemitteilung vom 05.11.2020.

160 Ebenda.

161 Forstliche Versuchs- und Forschungsanstalt Baden-Württemberg (FVA): Alternative Baumarten im Klimawandel. Artensteckbriefe 2.0. Freiburg 2021, S. 10.

162 Ebenda.

163 Erwin Hussendörfer: Baumartenwahl im Klimawandel: Warum (nicht) in die Ferne schweifen?! In: Hans Knapp, Siegfried Klaus und Lutz Fähser (Hrsg.): *Der Holzweg. Wald im Widerstreit der Interessen*. München 2021, S. 213.

164 Ebenda, S. 221.
165 Ebenda, S. 215
166 Ebenda, S. 226.
167 Monika Offenberger: *Symbiose. Warum Bündnisse fürs Leben in der Natur so erfolgreich sind.* München 2014, S. 66.
168 Ebenda, S. 65.
169 Erwin Hussendörfer: Baumartenwahl im Klimawandel: Warum (nicht) in die Ferne schweifen?! In: Hans Knapp, Siegfried Klaus und Lutz Fähser (Hrsg.): *Der Holzweg. Wald im Widerstreit der Interessen.* München 2021, S. 225.
170 Ebenda, S. 233.
171 Mark Harthun: Mythen der Säge- und Holzwirtschaft. In: Hans Knapp, Siegfried Klaus und Lutz Fähser (Hrsg.): *Der Holzweg. Wald im Widerstreit der Interessen.* München 2021, S. 65 ff.
172 Hans Bibelriether: »Natur sein lassen« – Naturerbe bewahren. In: Hans Knapp, Siegfried Klaus und Lutz Fähser (Hrsg.): *Der Holzweg. Wald im Widerstreit der Interessen.* München 2021, S. 59.
173 Bundesministerium für Ernährung und Landwirtschaft (BMEL): Dritte Bundeswaldinventur 2012. Bonn 2014, S. 236 ff.
174 Albert Reif, Ulrike Wagner und Claudia Bieling: Analyse und Diskussion der Erhebungsmethoden und Ergebnisse der zweiten Bundeswaldinventur. *BfN-Schriften* Nr. 158, Bonn 2005.
175 Bayerische Staatsforsten: Bayerische Staatsforsten ziehen Bilanz. *AFZ-DerWald* Nr. 21, 2016.
176 Deutscher Jagdverband e. V., Datenspeicher Jagd Eberswalde, Thünen-Institut: Jahresstrecke in Deutschland 1996/97–2018/19.
177 Deutscher Bundestag: Dritter Bericht der Enquete-Kommission »Schutz der Erdatmosphäre«. Bonn 1994, S. 479.
178 Bundesministerium für Ernährung und Landwirtschaft (BMEL), Wissenschaftlicher Beirat für Waldpolitik: Eckpunkte der Waldstrategie 2050. Bonn 2020, S. 40 ff.
179 Ebenda.
180 Ebenda, S. 41.
181 Ebenda.
182 Ebenda, S. 43.

Mit gutem Beispiel voran

183 Norbert Panek und Georg Sperber: *Wildnis, Rothirsch, Fichtenforst. Aldo Leopold und das »Deutsche Problem«.* Basdorf 2019, S. 18.
184 Alfred Möller: *Der Dauerwaldgedanke. Sein Sinn und seine Bedeutung.* Neuauflage. Remagen-Oberwinter 2021.

Dr. Georg Meister war Forstwissenschaftler und Träger des Bruno H. Schubert-Preises sowie der Cotta-Medaille. In den 1970er Jahren entwickelte er für die Bayerische Staatsregierung den Nationalpark Berchtesgaden. Bis 1994 leitete er das Gebirgsforstamt Bad Reichenhall, wo er die erfolgreiche Schutzwaldsanierung an der Queralpenstraße initiierte. Als Gründungsmitglied des Ökologischen Jagdverbands Bayern setzte er sich zeit seines Lebens für eine waldverträgliche Jagd ein. 2004 veröffentlichte Georg Meister zusammen mit Monika Offenberger den Bildband *Die Zeit des Waldes*, 2011 erschien seine Biografie *Tatort Wald: Georg Meister und sein Kampf für unsere Wälder*, 2015 folgte *Die Zukunft des Waldes*. Für seine besonderen Verdienste um den Bergwald und den alpinen Tourismus erhielt er 2019 den Deutschen Alpenpreis von CIPRA Deutschland. 2020 wurde er für besondere Verdienste um die Umwelt mit der Bayerischen Staatsmedaille geehrt. Georg Meister ist im März 2022 verstorben.

Dr. Monika Offenberger ist Biologin und freie Autorin. Ihr Themenspektrum umfasst die Natur- und Lebenswissenschaften mit Fokus auf Biodiversität, Ökologie und Evolution. Sie schreibt Sachbücher, Magazinbeiträge und Publikumsbroschüren für Hochschulen, Forschungseinrichtungen und Ministerien. 2005 erhielt sie den zweiten Förderpreis für Umweltjournalismus der Gregor Louisoder Umweltstiftung für »kompetente und kritische Berichterstattung an Brennpunkten des Umweltschutzes«. 2012 erschien ihr Buch *Das Ei. Ursprung allen Lebens*, 2014 folgte *Symbiose. Warum Bündnisse fürs Leben in der Natur so erfolgreich sind.*